数学科学文化理念传播丛书·启迪译丛

从古至今，我们是怎样数数的？

[法] 杰森·拉佩罗尼 / 著
王燕 / 译

LA GRANDE
AVENTURE DES
NOMBRES
ET DU CALCUL

大连理工大学出版社
Dalian University of Technology Press

La Grande Aventure des Nombres et du Calcul
ⓒ 2020, Circonflexe, Paris, France.
The simplified Chinese translation rights arranged through Rightol Media（本书中文简体版版权经由锐拓传媒旗下小锐取得）
简体中文版ⓒ 2025 大连理工大学出版社
著作权合同登记 06-2023 年第 283 号
版权所有・侵权必究

图书在版编目(CIP)数据

从古至今，我们是怎样数数的？/（法）杰森・拉佩罗尼著；王燕译. -- 大连：大连理工大学出版社，2025.4
（数学科学文化理念传播丛书. 启迪译丛）
ISBN 978-7-5685-4807-6

Ⅰ.①从… Ⅱ.①杰…②王… Ⅲ.①数学史－普及读物 Ⅳ.①O11-49

中国国家版本馆 CIP 数据核字(2024)第 010608 号

从古至今，我们是怎样数数的？
CONGGUZHIJIN, WOMEN SHI ZENYANG SHUSHU DE?

责任编辑：王　伟　周　欢
责任校对：李宏艳
封面设计：冀贵收

出版发行：大连理工大学出版社
　　　　　（地址：大连市软件园路 80 号，邮编：116023）
电　　话：0411-84707410　0411-84708842（营销中心）
　　　　　0411-84706041（邮购及零售）
邮　　箱：dutp@dutp.cn
网　　址：https://www.dutp.cn

印　　刷：大连图腾彩色印刷有限公司
幅面尺寸：147mm×210mm
印　　张：4.25
字　　数：68 千字
版　　次：2025 年 4 月第 1 版
印　　次：2025 年 4 月第 1 次印刷
书　　号：ISBN 978-7-5685-4807-6
定　　价：59.00 元

本书如有印装质量问题，请与我社营销中心联系更换。

目 录

数字的奇妙之旅 / 1

数字的起源 / 3
    比较与组合 / 3
    物体 / 8
    计数罐和代币 / 15
    添加符号 / 19

位置标记法 / 28
    基数的故事 / 28
    当顺序很重要时 / 33

我们的数字之路 / 43
    从美索不达米亚人到印第安人 / 43
    阿拉伯数字 / 47
    欧洲数字 / 48

工具和机器 / 53
    用手指头数数 / 53

用手指做乘法 / 56

　　新的计算工具 / 59

　　用棍子或轮子 / 71

　　巴贝奇机器 / 75

　　走向计算机 / 79

　　还有更多…… / 82

国际体系 / 85

　　测量距离、测量高度 / 85

　　身体部位 / 86

　　"米"的诞生 / 90

　　国际单位制 / 96

　　其他单位 / 102

我们计算什么？ / 106

　　计算人口数量 / 106

　　计算财富 / 112

　　更大的数 / 120

无穷大 / 125

数字的奇妙之旅

数数。你会数数已经很多年了。多年来,你一直知道怎样数数,这对你来说似乎再自然不过了。你首先学会了用手指数数,数一、二、三……

你可能听过帮助你记忆数字顺序的童谣。然后随着年龄的增长,你会看到许多越来越大的数字,比如几十、几百和几千。

无论你在做什么,你都能随处看到数字:当你数自己的玩具或玩游戏时,当你数台阶或楼梯的数量时,当你测量身高和体重时。不用我多说,大家也知道数字有多么重要。如果没有数字,我们将寸步难行。

然而,情况并非总是如此。比这更糟糕的是,也许你很难想象：数字并不总是存在的。即使它们出现了，也需要很长的时间才演变成你所认识的数字，甚至需要更长的时间才能得出与之相关的计算。一旦我们掌握了这些数字，就需要学习如何使用它们，将它们相加、相乘……但首先，数数意味着什么呢？又有什么意义呢？我们到底能数什么？数数有多种方法吗？如果有，哪种方法最好？可以提出的问题太多了，一本书永远不足以回答所有问题。尽管如此，尝试一下总没有坏处。

要了解数字的作用，最好的办法是开启一段数字的奇妙之旅。我们是从什么时候开始意识到数字可以派上用场的？我们将一起追随数字的演变，并试着走进这些来自另一个时代的人们的头脑。我们将从一个小实验开始……

数字的起源

比较与组合

让我们慢慢地开始数字的奇妙之旅。观察下面这两包星星，然后尽快告诉我哪个包里的星星更多。

你肯定会回答是第一包，因为这个包里有3颗星星，而另一个包里有2颗星星。你真的需要去数星星吗？还是根本没有考虑过星星的数量就给出了答案？

很容易看出，第一个包里的星星比第二个包里的多，你不需要知道每个包里确切的星星的数量也能看出来。人们在近些年发现，14~18个月大的婴儿已经有了数量的概念。

事实上，有些动物也能给出正确答案。研究人员为此做了许多实验来验证这一点。例如，他们在一只鸟面前放了两堆食物，其中一堆食物明显比另一堆更多。然后这只鸟几乎总是向更多的那堆食物跑去。

然而，当堆放的食物大小相当、数量足够多（四五个或更多）时，鸟儿似乎不再能分辨出这两堆食物之间的区别。重复多次这个实验，我们也没有发现鸟儿选择的偏好。也许它没有注意到一堆食物比另一堆更多？

让我们看看当物体较多时会发生什么：你能一目了然地告诉我以下哪个包里的星星更多吗？

这更困难，是吗？你需要数一下第一个包里星星的数量，第一个包里有13颗星星。然后再数一下第二个包里星星的数量，第二个包里有12颗星星。这意味着第一个包里的星星更多。

现在想象一下禁止计数的情形，也就是说无法通过计数这种方法来比较数量的多少。这就是动物所面对的问题，也是很久以前人类所面对的问题。在那个久远的时代，这一问题的根源并不在于人们不知道怎样数数，而是在当时根本不存在计数。所以，我们尝试绕过这个问题。

☐☐☐☐☐☐☐☐☐

拿起一堆小东西——比如一些弹珠、小石头。但是不要拿太多，最重要的是不要数它们，也就是说你并不知道它们到底有多少个。现在将这些框复制到一张白纸上，并试着把这些物品放到里面，一个方格里放一个。

观察是否有空余的方格？如果有，说明你持有的物品的数量少于这一页所画的方格数。

若你无法将所有的弹珠或石头放入方格中，那是因为你持有的物品的数量超过了这一张纸上所画的方格数。

另外，如果你恰好填满了每一个方格而没有剩余，这意味着你所持有的物品的数量正好与方格数目相等。

现在，你可以数一数方格和物品的数量来验证一下我的说法是否准确。请注意，我并不需要知道你具体拿了多少个物品。接下来，让我们将方格与你拿走的物品一一对应：每画出一个方格，就匹配一个物品。

该你出场啦！

如何描述这幅图中星星的数量呢？请注意，描述时不能使用任何数字。比如，不能直接说出星星的具体数量，也不能暗示这个数量可以通过数手指来表示。

答案：

我们可以说星星的数量和狗的腿或车的轮子一样多。

物体

这种简便的方法就是我们现代计数方法的基础，其历史可追溯至数千年前。彼时，人们并未借助方格来装入待计数的物品。相反，他们利用自身身体的不同部位来进行计数，除了显而易见的指头（无论来自手或脚），还包括肘部、面部乃至其他部位，具体取决于实际需求。有时，为了确保不遗漏任何一项，他们甚至会在自己身体的特定位置做出标记。

例如，如果有人想要清点自己究竟拥有多少只羊，他可能会采取这样一种独特的方法：对于第一只羊，他在右手的大拇指上画上一条标记；接着，对于第二只羊，则对应着在食指上也画上同样的标记。依此类推，直到在他的身体上画上最后一只需要被计数的羊所对应的标记。

最终，不仅他的右手每个手指都标有记号，连右臂的肘部也不例外。那么问题来了：这个人到底有多少只羊呢？或许你会脱口而出"六只"，但请稍等片刻再作答。因为在这一情境中，计数并不存在，我们无法直接用数字

来表示数量。

因此，正确的表述应该是：此人所拥有的羊的数量，与他从右手的大拇指直至右臂肘部所留下的标记数目相等。

通过这种方法，我们可以精准地掌握牲畜的数量、事件持续的时间等信息，并能进行数量上的对比。

例如，某天清晨，牧羊人醒来后开始清点羊群。他首先检查自己的标记，随后逐一观察羊群中的每一只羊，确保它们能够与每一个标记一一对应，正如你之前将方格与弹珠配对一样。

◆ 当他发现第一只羊时，会指向自己右手大拇指上的第一个标记。

◆ 接下来，对于第二只羊，则指向右手食指上的标记。

◆ 依此类推，直到数到右手小拇指上的标记时，若已无羊可数，那么右臂肘部处的那个标记便显得多余了。

这时，牧羊人意识到有一个标记无法与任何一只羊匹配，因此判断出少了一只羊。至于这只羊是被盗贼偷走了，被野兽捕获了，还是被藏匿起来了，就不得而知了。反之，若在清点过程中标记不够用，说明可能有不属于自己的羊混入羊群，或是重复计算了某只羊，这种情况也时常发生。

该你出场啦！

用牧羊人的方法，能否判断羊群是否完整无缺，抑或是有羊走失，又或者是意外地多出了一只羊？下图中右侧展示的是牧羊人的手，而左侧则是他悉心照料的羊群。

答案：

可以将大拇指标记与左侧的羊对应起来，食指的标记与中间的羊对应，而中指的标记则与右侧的羊对应。这样一来，就会有一个标记没有对应的羊，这意味着有一只羊缺失了。

你可能会疑惑，为六只羊如此大费周章是否真的值得？诚然，六只羊对你而言可能并不算多。然而，这种方法的魅力在于其普适性——无论数字多大，皆可适用！

当然，前提是你拥有足够的身体部位来计数，并且能够记住它们的排列顺序。一旦记不住，事情就会变得复杂得多：比如尝试利用身体各部位数到100，然后重复这一过程而不改变计数顺序。幸运的是，我们的祖先很快便意识到了这一点，转而使用外部物品进行计数。

例如，他们会在骨头或木头上刻下标记，每个刻痕代表一只羊、一天的流逝或从自然中获取的一项资源。在非洲，具体来说是在刚果，人们发现了一块大约两万年前带有刻痕的骨头。

这种做法沿袭了相当长的一段时间，直到一百年前，面包师在配送面包时，会随身携带一根被称为"面包棍"的木棍。每当他们给客户送去一条面包，就会在自己和客户家中预留的木棍上刻下一个记号。这样一来，到了月底或周末结算时，面包师便能准确知道已配送的面包数量，从而获得相应的报酬。由于客户也拥有一根刻有相同标记的木棍作为凭证，因此大大减少了账目争议与欺诈的可能性。

棍子并非唯一用于计数的工具。例如，我们可以通过收集小石子来替代棍子上的凹槽进行计数。这些小石子在拉丁语中被称作"calculi"（单数形式为"calculus"）。实际上，"计算"这个词的英文的起源便与此相关。

另一种不太愉快的用途，则是在不同部落之间发生冲突时使用。在战斗前，每个战士都会在石堆中放入一颗石头。当他们从战场返回时，再各自从石堆中取回自己的那颗石头。这样一来，石堆中剩余的石子数量便准确地反映了战场上牺牲的人数。

相比起用身体部位来计数，这种方法显然更为实用。然而，当需要处理的数据量逐渐增大时，这种方法同样暴露出其局限性：操作过程变得越来越复杂，重新核对数字也变得既耗时又枯燥。随着社会的进步，人们需要统计的信息越来越多：从个人的小型牲畜群和家庭的储备，到大型仓库中存放的整个国家的食物储备，这一切都要求我们拥有更加高效、精确的计算方式。

计数罐和代币

让我们回到约六千年前的美索不达米亚。这一文明取得了非同寻常的进步，很大程度上得益于其在灌溉技术上的突破。通过将水源引向广袤的土地，他们得以生产出丰富的粮食……而这些粮食不仅需要妥善保存，更重要的是还需进行精确计量。

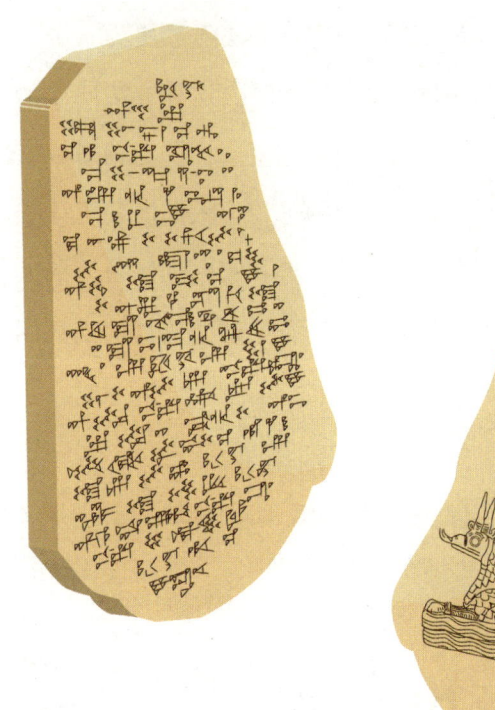

为了记录数量，美索不达米亚人率先采用了各种形状与大小的鹅卵石。比如，若要清点绵羊的数量，他们可能会用一个圆柱状的小鹅卵石来表示一只绵羊，或者用一个弹珠状的鹅卵石来表示大约十只绵羊。这样，数字的概念便逐渐成形。这种做法与将硬币投入储蓄罐颇为相似：尽管这些硬币外观一致，但各自表示的价值却大相径庭。

为了不丢失这些用于计数的物体，人们将它们置于密封的泥瓮之中，并在瓮上标注主人的名字，以防混淆归属。若需核实某人拥有的牲畜群的真实情况，以确认其言辞无误，便可取出标有其名字的泥瓮，敲碎封口，查验瓮内所藏物体数目是否与牲畜群规模相匹配。

不过，这样的做法并不是很经济。试想，每次想要清点物品时，都必须打破一个泥瓮——这无疑是一种巨大的浪费。这就像每次想从存钱罐中取钱，都得先将其砸碎，然后再重新购买一个新的存钱罐一样荒谬。因此，人们提出了在计数罐上刻字的解决方案：即在计数罐上绘制所存放的代币图案。比如，若你在盒内放置了一枚圆锥形的代币，则可在罐子上画一个小圆锥。这样一来，无须破坏容器便能轻松了解其内部究竟藏有何物。实际上，我们甚至不再需要计数罐本身，因为所有信息均已清晰地标注于其表面。

随着时间的流逝，那些古老的计数罐渐渐淡出历史舞台，取而代之的是刻有铭文的泥板。正如你所见，这些图案象征着曾经置于计数罐中的小石子。这便是我们数字系统的雏形，它们在此萌芽、生长，最终演化为今日我们所熟知的数字体系。

符号	ᗧ	O	ᗧ	O	ᗧ	◎
数值	1	10	60	600	3 600	36 000

添加符号

这便是通过符号来表示数值的方法：每一个符号都代表着一个特定的值。为了计算出总数，只需将泥板上所有符号对应的数值相加即可。

因此，我们可以构想出这样一套计数系统：心形符号（♥）代表数字1，三叶草符号（♣）代表数字5，而菱形符号（♦）则代表数字100。假设一个古时的文士正在记录

村里的居民人数,他在泥板上留下了这样的符号组合:

♦♦ ♣♣♣♣♣ ♥♥♥。

通过累加这些符号所代表的数值,我们能够准确地计算出村民的总数:

每个心形符号(♥)代表1,三个心形符号合计为3;

每个三叶草符号(♣)代表5,五个三叶草符号合计为25;

每个菱形符号(♦)代表100,两个菱形符号合计为200。

综上所述，将上述所有数值相加，我们可以得知这个村庄共有228名居民。

每个文明都有能力创造出独特的符号与数字系统。同样的，若是你希望与朋友以一种私密的方式交流数字信息，也完全可以实现。

该你出场啦！

采用相同的方法，尝试猜测以下符号：♦♦♦♦ ♣♣♣♣ ♥♥ 代表的数字是多少。反之，你能否运用这一系统来表示数字644呢？

答案：

代表数字427。

数字644可以表示为 ♦♦♦♦♦♦ ♣♣♣♣♣ ♣♣ ♥♥♥♥。

许多文明都曾采用过这一策略。与美索不达米亚人一样，古埃及人也利用象形文字记录数字。例如，他们运用这些数字测量土地面积，统计作物产量，并建造了诸如金字塔和方尖碑等宏伟的建筑。

符号							
数值	1	10	100	1 000	10 000	100 000	1 000 000

为了读出一个数字，只需将其构成的各个符号相加即可。现在，让我们一起看看下面这个数字：

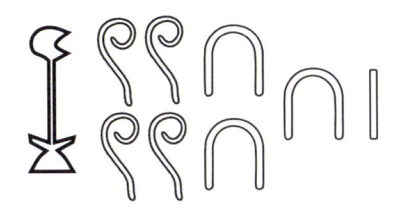

在这个数字中，你可以看到表示数值1 000的符号出现1次，表示数值100的符号出现4次，表示数值10的符号出现3次，表示数值1的符号出现2次。要计算该数字的具体数值，只需将所有符号的数值相加：1 000＋100＋100＋100＋100＋10＋10＋10＋1＋1，最终结果为1 432。

该你出场啦！

使用古埃及数字系统来表示1 224 367这个数字。反过来，下面图片展示的数字又代表多少呢？

答案：

表示数字1 224 367的图片为：

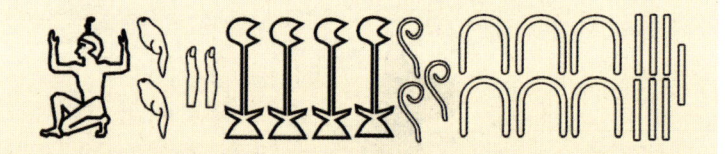

问题中的图片代表的数字是2 452 626。

在公元前5世纪，古希腊人与古罗马人开始采用他们独特的字母系统。

例如，在罗马数字中，Ⅰ代表1，Ⅴ代表5，Ⅹ代表10，L代表50，C代表100，D代表500，M则代表1 000。当这些符号依次排列时，通常从最大值开始累加各符号所代表的数值即可得出最终的数字。

比如，M M D C X X I I I 就等于1 000+1 000+500+100+10+10+1+1+1，总计为2 623。

然而，当较小数值的符号位于较大数值之前时，规则则有所不同。这时需要进行减法运算而非简单地相加。以数字Ⅸ为例，其中Ⅰ代表1，而Ⅹ代表10。因为1被置于10之前，所以应当计算为10减1，结果便是9。

世界各地在数字表示上采用了相似的方法，无论是中国的数字体系还是阿兹特克文明的计数方式，其核心理念都是相同的：特定的符号代表特定的数值。尽管不同地区所采用的具体符号与数值有所差异，但这一基本原则是相通的。例如，数字731在不同的文化背景下，就有多种多样的表达形式：

古埃及731的表示符号：

𓏲𓏲𓏲 𓉴𓉴𓉴𓏺

100＋100＋100＋100＋100＋100＋100＋10＋10＋10＋1

古罗马731的表示符号：

DCCXXXI

500＋100＋100＋10＋10＋10＋1

古希腊731的表示符号：

ψλα

700＋30＋1

美索不达米亚731的表示符号：

ODDOo

600＋60＋60＋10＋1

> 这种符号系统在某些方面确实非常实用，但也不乏明显的缺陷。首要问题是，若要表示更大的数字，

则需要不断地创造新符号。不过，这并非核心问题，毕竟在日常生活中，我们很少会用到大数。

真正的挑战在于计算——不仅仅是简单地计数或列举物品，还需要能够进行加法、乘法等运算，而这些操作往往相当复杂且不易实现。

位置标记法

基数的故事

在继续我们的时光之旅前,让我们先立足于当下。在学校,你学过从1到100的数字,乃至1 000以上更大的数字。

试想一下,你面前摆放着一大堆弹珠,任务是要清点它们的数量。固然,你可以逐一计数,但这不仅耗时,而且容易出错——毕竟,弹珠的数量相当可观。为了解决这个问题,可以尝试将每10个弹珠装入1个小袋子中,这样不仅便于管理,还能有效减少错误,使计数过程更加高效有序。

接着,假设你有许多每袋装有10个弹珠的小袋子,你

同样可以将这些小袋子整齐地放入1个大盒子里，每盒正好放置10袋，即每盒100个弹珠。这样的组织方式不仅有序，还便于清点数量。进一步地，我们可以将10个这样的盒子放进1个更大的箱子中，甚至可以将10个箱子装载到1辆卡车上。不过这已经是后话了。毕竟，谁会拥有那么多的弹珠呢？

我自己就曾使用这种方法来整理家中的弹珠。经过一番努力，我成功地将3个盒子装得满满当当。除此之外，我还额外有2个装满的小袋子，最后，有4个弹珠未能装袋。

每个盒子内含有100个弹珠，总计300个弹珠。另外每个小袋子都装满了10个弹珠，总计20个弹珠。别忘了还有剩下的4个弹珠。所以我的弹珠总数是324个。这真是一段美好的回忆，也是对耐心与细致的一次小考验。

该你出场啦！

如果每个袋子里装有10个弹珠，每个盒子里装有10个这样的袋子，而每个箱子里又装有10个这样的盒子，那么请问这张图中共有多少个弹珠呢？

答案：

1 230。

让我们深入解析一下：324可以拆解为300+20+4。具体来说，在这个数字里，包含了3个百位数（也就是3乘以10的二次方），接着是2个十位数，最后加上4个个位数。

实际上，我们日常使用和书写的每一个数字，都能以这样的方式被拆分成以10为基础的组合。那么，为什么偏偏选择了10呢？答案其实就在我们的双手上——恰好拥有10根方便计数的手指。因此，在数学领域，我们通常采用以10为基数的计数系统来书写数字。

你可能已经注意到，古埃及人的计数系统与我们的有相似之处。他们同样采用十进制。然而，两者之间存在显著差异。古埃及人使用特定的符号来表示十位数和百位数，而我们在十位和百位上则一贯使用1至9的数字。

此外，在某些情况下，我们所组成的数字群并非严格遵循十进制的原则。

> 你或许已经留意到，商店中售卖的鸡蛋通常是12个一盒，而非10个，同时我们也习惯于将一年划分为12个月。这种以12为基数的计数方式，即十二进制。

在你所有的电子设备中，都隐含着一个至关重要的基数——2，即二进制基数。简单来说，所有的计算机硬件都是基于0和1这两个数字构建和编程的……没错，就连你的电子游戏机也是如此。

此外，通过观察时钟，我们可以发现另一种基数的存在：1分钟由60秒组成，而1小时则包含60分钟，即3 600秒

（60组60秒）。由此可见，时间的计量采用的是以60为基数的计数方法。那么，这种独特的计数方式究竟是如何起源的呢？

> 早些时候，我们曾提到过美索不达米亚人，他们早在约六千年前，便在泥板上绘制各种形状来进行计数。这些独特的形状与符号代表着不同的数值，例如1、10、60和600等。

当顺序很重要时

与此同时，文字也在不断发展。起初，书写系统主要依赖于象形文字，即那些直接描绘出所指代物体或动物的图形符号。比如，要表达"树"这个词，人们只需勾勒出一棵树的轮廓。

随着时间的推移，这种直观但耗时的方法逐渐被更为简洁的楔形文字所替代，后者使用棍子和小钉子来构建字符。这一转变极大地提高了书写效率。例如，原本需要

精细描绘的树木形象，现在仅需几条简单的线条就能生动展现——1条竖线代表树干，两侧的短线则象征着繁茂的枝叶。

当然，数字的书写方式也受到了这一变化的影响。此外，代币的表示方法亦有所变化。原先代表1个单位的小圆柱，现已演变为1根棍子或1根延长的钉子。而原本表示数字600的圆形符号，则转变为了以"K"字形排列的3根钉子。

符号	⊢	◁	⊤	⊥	◇	◈
数值	1	10	60	600	3 600	36 000

这仍然是一个累加符号：不同符号所代表的数值相加，唯一的区别在于它们的书写形式。后来，美索不达米亚人（确切地说，是苏美尔人）引入了一项创新：根据符号在数字序列中的位置来调整其价值。这种概念是否觉得似曾相识？没错，这正是我们今天仍在遵循的原则。

以数字111为例，它由3个1组成，但每个1的实际意义各不相同：最左边的1表示百位数，其代表的数值是最右边1的100倍。因此，111实际上可以解读为"1个100、1个10和1个1"。同样的，数字324则意味着"3个100、2个10和4个1"。

美索不达米亚人选择仅使用两个符号进行计数：钉子形符号"▼"代表1个单位，而楔形符号"<"则表示10个单位。例如，数字32（3个10与2个1的组合）会被写作"<<<▼▼"。

我们的数字系统中，从1至9每个数都由单一的符号表示。而当数字达到10时，我们需要引入第二位数来表示数值，并将其置于左侧，以此强调其重要性，即十位数的价值高于个位数。这一原则同样适用于美索不达米亚文明的数字体系，但与我们所使用的十进制不同，他们采用的是六十进制（基数为60）。这意味着，在他们的计数规则里，直到数字60才会进行类似的位值转换。

举例来说，我们观察一下数字<<▼<<<<▼▼▼▼▼ 的结构。该数字由两部分构成：

第一部分<<▼包含2个楔形符号和1个钉子形符号，代表数字21。

第二部分<<<▼▼▼▼▼ 包含3个楔形符号和5个钉子形符号，代表数字35。

因为第一部分位于第二部分之前，所以第一部分实际代表的数值比第二部分高出60倍。因此，整个数字<<▼<<<<▼▼▼▼▼ 实际上表示的是"21个60 加上35个单位1"，换算成现代数值就是：

21乘以60等于1 260。再加上 35；

最终结果为 1 295。

数字的世界远比我们想象的要广阔！美索不达米亚人就曾以60为基数构建了一个庞大而精妙的计数系统。如果将这一概念具象化为排列弹珠的方式，他们会选择将60个弹珠装入1个小袋子，再将60个小袋子放入1个大盒子，如此循环往复。

比如，我们来解析一下这个数字：<▼▼<<▼<▼▼▼。

从左至右，首先是<▼▼，表示12个"大盒子"，每个大盒子里装有60×60＝3 600个弹珠，因此这部分共含有12×3 600＝43 200个弹珠；

接着是<<▼，表示21个"小袋"，每袋装有60个弹珠，合计21×60＝1 260个弹珠；

最后是<▼▼▼，单独计数为13个。

当我们将这些数值相加，便得到了最终结果：

$$43\,200+1\,260+13=44\,473。$$

> **该你出场啦！**
>
> 把下面的美索不达米亚文字转换成我们现代使用的数字：
>
> <<▼▼▼▼
>
> <<<▼▼<<▼▼▼▼
>
> **答案：**
>
> 第一个数字是24（2×10+4）。
>
> 第二个数字是1 944（32个60和24个单位1）。

为了展示美索不达米亚计数法的魅力，我们不妨将现代数字204转换成这一风格。

首先，我们需要了解204中包含多少个60。这就好比如果我们有204个弹珠，可以用它们装满多少个容量为60的袋子。

为此，我们要尽可能多地从这个数字中减去60。

先从204个弹珠中取出60个放入第一个袋子，此时剩余144个弹珠；

接着，再从剩下的144个弹珠中取出60个放入第二个袋子，这时还剩84个弹珠未处理；

再次重复上述步骤，从剩余的84个弹珠中取出60个放入第三个袋子，现在只剩下24个弹珠；

24个弹珠装不满1个袋子，因此我们把它们放在一边。

204个弹珠能够完全装满3个袋子，之后剩余24个弹珠。换言之，在204这个数字里，有3个60，还剩下24个单位1。

让我们用表格来总结一下，对于数字204：

60	剩余
3	24
▼▼▼	< < ▼▼▼▼

在美索不达米亚文字中，▼▼▼<<▼▼▼▼就代表数字204。

> **该你出场啦！**
>
> 尝试把数字176转换为美索不达米亚文字。
>
> **答案：**
>
> ▼▼<<<<<<▼▼▼▼▼▼。

一切看起来都顺理成章……只有一个小小的细节！

让我们重新审视这些数字。以数字204为例，可以将其理解为2个百位数加上4个个位数。这里我们不必提及十位数，因为它恰好是0。换句话说，204由2个100、0个10和4个1组成。

然而，在书写这个数字时，我们必须在十位上写下0，以确保它不会被误读为24。24与204显然是不同的，对吧？

美索不达米亚人面临的一个挑战在于，他们缺乏一种方式来表示某个位置上的数值为空，无论是个位数还是六十进制系统中的其他位置。那时，"0"这个概念尚未诞生。毕竟，谁会去说"我有0只羊"呢？直接说"我没有羊"岂不是更加简洁明了。

不幸的是，当书写数字时，这些问题便凸显了出来。

以美索不达米亚数字为例，若要表示"3个60个60加上23个单位1"，则可将其转译为：

3个60个60用▼▼▼表示；

23个单位1则用<<▼▼▼表示。

然而，当我们把这两部分并置时，会得到如下形式：▼▼▼<<▼▼▼。这导致了一个问题：如何区分第一组的▼▼▼中每个钉子形符号代表的是60个60，而非简单的60？为了解决这一难题，必须引入一种新的符号来明确表

示两组数之间的空位。

正如在阿拉伯数字系统中，204中的0表示该位置没有十位数一样，我们也需要一个特定的标记来表明某个数位上不应出现60。这便是"0"的最早形态。

我们的数字之路

从美索不达米亚人到印第安人

美索不达米亚人似乎已经掌握了广博的知识。然而,他们的文明湮灭了,他们的所有计算方法也遭受了同样的命运……

幸运的是,其他文明也孕育了独特的数学体系。早在公元前2世纪,古印度便已采用婆罗米文字记录数字。起初,古印度的数字书写方式与美索不达米亚相似,采取了累加原则:每个符号的数值通过重复叠加来表示。

然而,随着时间的流逝,古印度人逐渐开始使用考虑数位的符号,这一转变使得数字表达更为简洁、高效。相较于美索不达米亚人复杂的六十进制系统,古印度人选择了更加直观的十进制。经过长期的发展,古印度人不仅创造了从1到9的九个基本数字,还意识到了"0"这一概念的重要性,尽管在最初阶段,他们也曾面临不少挑战。

从1到9用婆罗米数字表示为:

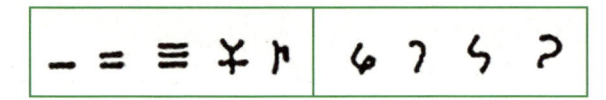

你可能会发现其中的一些数字似曾相识,特别是6和7。这是因为我们现代使用的数字系统直接源于这些印度数字,它们有着大约两千年的历史。

当然,在这漫长的两千年中,文字的形式经历了显著的演变。随着地区和时代的变迁,某些数字的书写方式也出现了一些细微的变化。比如,在9世纪时,这些数字的形态大致如下:

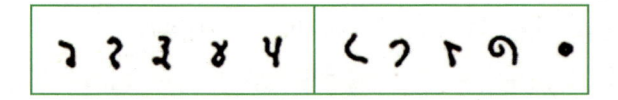

当数字呈现出如 1、2和3这样的形态时,你便可以开始辨识它们了。更加引人入胜的是,你会注意到一个新的符号——一个小圆点——的出现,这便是数字0,它是在这一时期被引入的。

然而，对于印度人而言，0并不仅仅是一个简单的数字，它同时代表了一种量的概念。0具有独立存在的意义。若无0的存在，我们便无法准确地表述诸如"水在0摄氏度时结冰"这样的科学事实。

这一看似简单却极其重要的概念，最早可追溯至公元600年左右，由印度杰出的数学家婆罗摩笈多（Brahmagupta）在其著作中首次提出。按照他的理论，需要创造一个特别的数字来表示任何数减去自身的结果。换言之，婆罗摩笈多认为1－1、2－2或3－3等运算的结果是相同的，即为0。

显然，在你看来这完全是合乎逻辑的，但你可能会好奇它为何具有革命性意义。当时，数学家们面临的难题在于如何表示"无"——数字0。如果你被要求画出0只羊，你的画纸上将一片空白；同样的，若要你画出0个气球或0枚火箭，结果亦然。因为"0"本身并不对应任何具体的事物，所以在那时人们认为没有必要将其书写出来。这就是那个时代的人的想法。

然而，婆罗摩笈多不仅发明了数字"0"，还为它设定了运算规则，这些规则至今仍被广泛使用：

◆ 第一条规则：任何数与0相加，其值不变。例如，1＋0＝1，2＋0＝2。这一显而易见的规律，直到公元600年左右才被正式提出。

◆ 第二条规则：任何数与0相乘，结果恒为0。无论是0乘以3、0乘以21，还是0乘以300万，最终结果都是0。

有趣的是，尽管0的概念看似简单，它却是数学史上最后一个被正式承认的数字。

暂且将0置于脑后，若我们追溯历史长河，会发现印度数字书写方式独具特色，具体如下：

我们正逐步迈向现代化的数字书写方式。然而，你是否曾对此感到疑惑？这些数字被称为印度数字，而你或许也听说过我们使用的是阿拉伯数字。那么，究竟孰对孰错呢？

阿拉伯数字

与印度人一样，阿拉伯人也创造了独具特色的数学体系。起初，他们同样使用了加法计数。然而，为了推动科学的发展，阿拉伯人积极地邀请全球各地的学者来到他们的土地上。他们不仅翻译并深入研究了这些学者的著作，还根据自己的需求，采纳了那些认为有价值的内容，而舍弃了那些不太有用的部分。当阿拉伯人接触到印度数学家婆罗摩笈多（0的发明者）的作品时，他们立刻意识到印度数字系统的实用性。因此，阿拉伯人选择采纳这套数字系统，并在使用过程中对其外观进行了适当的调整与优化。

人们找到了两个版本的阿拉伯数字：

一个版本用于阿拉伯东部地区：

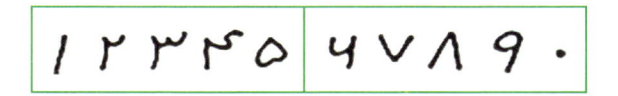

| ١ ٢ ٣ ٤ ٥ | ٦ ٧ ٨ ٩ ٠ |

另一个版本广泛用于阿拉伯西部地区：

| 1 2 3 4 5 | 6 7 8 9 |

阿拉伯数字或印度数字在欧洲普及之前，它们就已经遭遇了类似的阻力。

> 这次，我们终于做出了正确的选择！数字再次证明了这一点。值得一提的是，在这两种数字体系中，均未出现代表0的圆点符号。实际上，印度的记数法在引入之初曾遭到部分人士的抵制，他们对于放弃沿用已久的传统记数法转而采用新的符号体系持保留态度。

欧洲数字

现在让我们回到公元900年。彼时，欧洲人依然依赖罗马数字进行日常的计数、计算与商贸活动。然而，在阿拉伯帝国统治下的西班牙，一种源自印度的新式数字体系正逐渐崭露头角，并逐步向欧洲其他地区扩散。

法国修道士欧里亚克的格伯特（Gerbert of Aurillac）成为了首位尝试将这一数字系统引入基督教世界的先驱者。尽管他付出了巨大努力，但这次尝试并未取得圆满成功。即便格伯特条理清晰地阐述了新数字系统的优越性，教会中的许多神职人员仍然拒绝使用这种记数法。为了推广这套体系，他还借鉴了阿拉伯文献和相关技术，设计出了一种名为"计数器"的工具，可惜这并未能彻底改变同时代人的看法。即便后来他荣登教皇宝座，格伯特依旧未能让阿拉伯数字成为欧洲社会的普遍选择。然而，正是他的不懈努力，为后来阿拉伯数字在欧洲的广泛接受埋下了最初的种子。

幸运的是，两百年后，又有一位先驱者在意大利重启了这项尝试。彼时，全球贸易正处于蓬勃发展的阶段，意大利更是这一潮流中的佼佼者。然而，贸易的顺利开展离

不开有效的沟通，而数字系统不统一则成了交流的一大障碍——这就好比与一个讲着陌生语言的人对话，双方都难以理解对方的意思。尽管可以通过手势来传达一些简单的信息，但这远不如用流利的语言和完整的句子来得清晰明了。

意大利数学家列奥纳多·斐波那契（Leonardo Fibonacci），亦称比萨的列奥纳多（Leonardo of Pisa），撰写了《计算之书》（英文名为 *The Book of Pisa*，拉丁文书名为 *Liber Abaci*）。在该书中，他详尽地介绍了阿拉伯数字体系及其计算方法，阐述了这些技术相较于传统的罗马数字系统的优越性。随着这本书的广泛传播，阿拉伯数字逐渐被更多人所接受和使用。

你看，即便是自小便熟稔于心的事物，背后也蕴含着时间与探索的积淀。这一过程充满了反复尝试与修正，更需要非凡的智慧。数学与科学的发展正是这样一步步走来的。这是一段不断试错、不断进步的旅程：

尝试一种方法，对失败之处进行调整，再换另一种方法，直至找到正确答案。

这绝非一人之力所能完成。尽管某些名字在历史上熠熠生辉，但无数科学家共同参与了这场探索之旅。他们彼此间交流思想，分享成果。正是这种开放合作的精神，让我们的世界变得如此丰富多彩。

如今，当我们追溯数字的起源时，不仅了解了其历史，更掌握了运用它们的智慧。

工具和机器

用手指头数数

数学学习的第一件事就是数数。从数字1开始——值得注意的是，我们往往容易忽略0的存在——然后依次是2、3，依此类推。

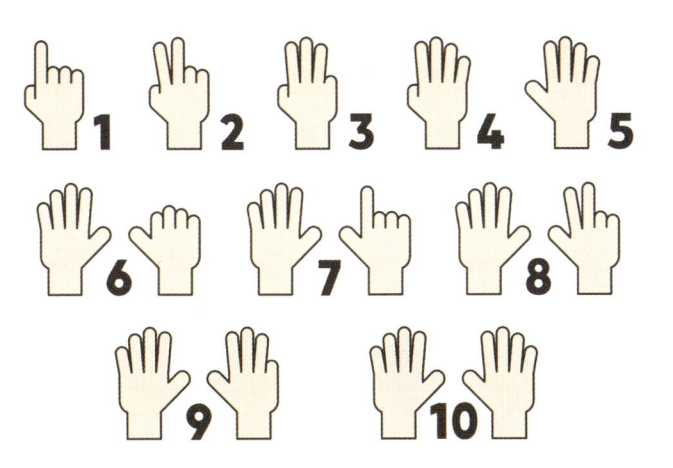

接下来，便是学会将这些数字相加。例如，2与3的相加非常简单，结果为5。然而，随着数字的增大，加法的难度也随之增大。当然，面对难题时，你完全可以借助计算器来解决。但在计算器诞生之前，人们早已找到了应对复杂计算的方法。

事实上，最早的"计算工具"莫过于我们自身的10根手指了。比如，若要完成3加5的运算，您可以先伸出3根手指，再额外伸出5根手指，最后清点所有伸出的手指数目即可得出答案。采用这样的方式数数，实际上是在运用一种古老的对应法则，就如同远古时期的人们所做的那样。

不幸的是，如果计算中包含进位，你将不得不把它们暂时放在脑子的某个角落里。以计算7+8为例，你可以先伸出7根手指，接着尝试数出接下来的8个数。此时会发现手指已经不够用了——只剩下3根手指。不过这并不妨碍我们完成计算。当你的手指数量不足以表示更大的数字时，可以先将所有手指放下，重新开始计数，直至数满所需的数目。在这个例子中，你需要再伸出5根手指。因此，整个过程中，你不仅用到了5根手指，还经历了一次"满手"的状态，即相当于加了10。最终答案便是1个10加上5，也就是15。

很显然，人们很快便认识到了以手指进行计算的价值。实际上，有些人甚至会在身体的不同部位做标记，以此来计数物品。不过，也有人发明了另一种方法，这种方法并非直接依赖于手指，而是巧妙地利用了我们每根手指上的指节。具体而言，人们会通过用拇指依次触碰一只手上的各个指节这种方式来计数。而另一只手则可以用来计算进位。

用手指做乘法

用手指进行加法运算对大多数人来说轻而易举，但当涉及乘法时，情况就有所不同了。比如，当我们需要计算 6×4 的结果时，可以采用逐步累加的方法：从数字6出发，连续加上3个6（第一次加6得到12，第二次再加6得到18，最后再加一次6得到24）。通过这种方式，我们最终得出 6×4 = 24 的结论。

有一种使用手指计算两个6至10之间数字相乘的技巧。对于1到5之间的乘法表，则需要熟记在心。不过，无论是对自己还是对他人而言，掌握全部的乘法表都是十分重要的，因为这在日常生活中非常实用。

例如，我们来计算 6×8 的结果。首先，用右手表示数字6。由于每只手只有5根手指，我们从手呈握拳的状态开始数。数到1时，竖起第一根手指；数到2时，再竖起第二根手指。当数到5时，所有手指均已竖起，于是从现在开始，收回你的手指：在数到6时，只需将拇指收回即可。因此，此时你的拇指应向下弯曲，而其余4根手指则保持竖直状态。

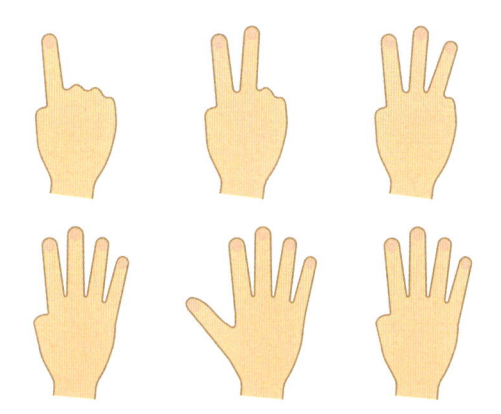

现在，让我们用相同的方法用左手手指表示数字8。首先，将所有手指伸直，这代表数字5。接着，依次收回拇指表示6，再收回1根手指表示7，最后收回第三根手指以表示8。此时，你的左手应呈现为：3根手指向下，2根手指保持向上。

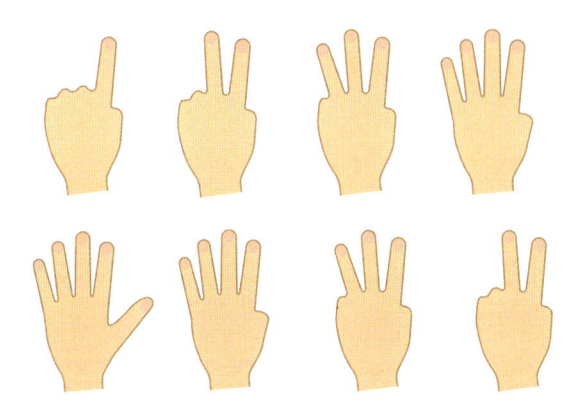

要计算6×8的结果，我们现在进行如下操作：

将两只手放下的手指相加：这些手指的数量就是十位数。右手有1根放下的手指，左手有3根，所以一共是4根。

将两只手举起的手指相乘：这些手指的数量就是个位数。右手4根手指举起，左手有2根手指举起。也就是 4 × 2 = 8。

因此，6×8的结果等于48。

> **该你出场啦！**
>
> 不妨亲自尝试一下这种方法，比如计算7×7或者9×8的结果。你会发现其中的奇妙之处。

关于9的乘法表，这里有一个巧妙的小技巧：将你的10根手指并排伸直。若要计算9乘以4，只需弯曲从左手算起的第四根手指。此时，弯曲的手指左侧有3根手指竖立，右侧则有6根手指。将这两组数字合二为一，即可得出答案：9 × 4 = 36。

尽管掌握了这些技巧，我们的手和手指依然是最基础的工具，它们的潜力尚未被充分挖掘，且使用这些技巧的人仍属少数。因此，为了实现更深远的思考与创新，我们亟须开发新的工具。

新的计算工具

请记住，人类最初的计算方式是通过堆积鹅卵石实现的。自然而然的，人们学会了使用这些鹅卵石来进行最基础的运算。例如，如果我想将7和2相加，只需将7颗鹅卵石堆在一起，再在其上添加2颗——这简直易如反掌。

然而，当涉及较大的数字时，问题便出现了：需要搬运大量的石子，这无疑增加了操作的复杂性。于是，我们开始思考如何改进这一方法。以254+362的运算为例，我们可以借鉴数字的符号概念，将鹅卵石排列成一个表格，分别表示百位、十位和个位上的数值。

让我们从第一个数字254开始。这个数字由2个百位数、5个十位数和4个个位数组成。为了更直观地展示这一点，我们可以绘制一个包含三列的表格。第一列代表百位，我们将放置2颗鹅卵石；第二列代表十位，将放置5颗鹅卵石；而最后一列则代表个位，这里需要放置4颗鹅卵石。通过这样的排列，整个表格就能清晰地展现出数字254的构成，如下所示：

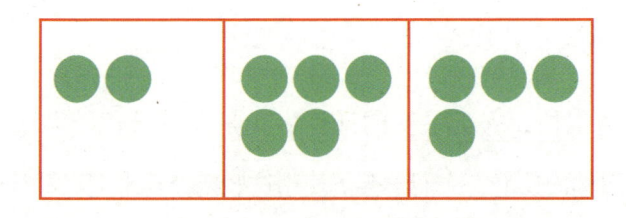

现在我们来摆放代表数字362的鹅卵石：第一列放置

3颗，第二列放置6颗，第三列放置2颗。

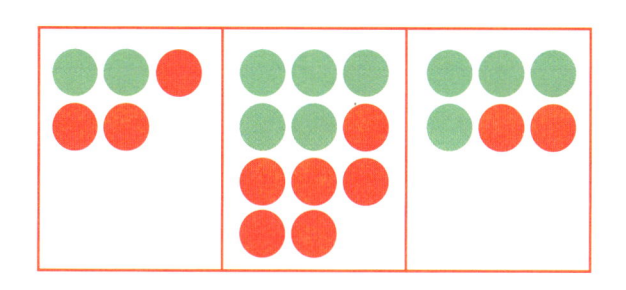

我们即将大功告成，但尚有一个细节需要处理：请注意，中间一列共有11颗鹅卵石，这是不正确的。为了解决这一问题，我们需要进行一次进位。具体操作如下：从第二列取出10颗鹅卵石，并在第一列中放置1颗鹅卵石。这代表10个十等同于100（或者更简洁地表达：$10 \times 10 = 100$）。

如此一来，我们的计算便告一段落：我们将254和362合并在同一张表格中，最终结果为6个百位数、1个十位数和6个个位数。综上所述，254加上362等于616。我们已经成功达成了目标！

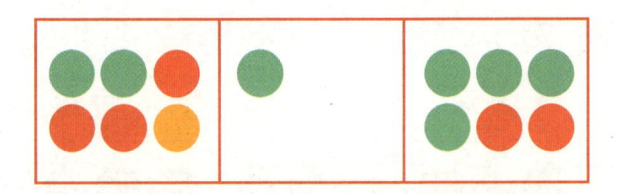

该你出场啦！

尝试使用表格与鹅卵石的方法来计算428+357的结果。不妨动手实践，利用真实的鹅卵石让这一过程更加直观与生动。

答案：

答案自然是785，不过你是否运用这一技巧取得了成功呢？按照规则，第一列应剩下7颗鹅卵石，中间一列为8颗，而最后一列则为5颗。你是否已经留意并准确地进行了进位呢？

算盘的基本原理在于将鹅卵石按照个位、十位或百位等不同数值等级进行分类摆放。利用这一工具，原本散落在木板上的鹅卵石——或者说算珠——被巧妙地串在了细杆上。这样一来，只需轻轻滑动这些算珠，即可快速准确地显示所需数字。那么，在你看来，这个算盘上表示的数字是多少呢？

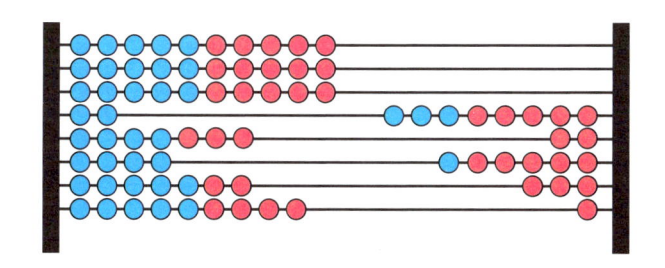

从右侧开始计数算珠，注意个位位于最底部。因此，十位处于从下往上数的第二行，百位位于第三行，依此类推。

在此示例中，我们向右移动了1个个位算珠。接着，沿算盘向上移动，可以发现有3个十位、6个百位、2个千位和8个万位（你可能已经注意到，同一条线上不同颜色的算珠使计数变得更加容易：最右侧的5个算珠比左侧的5个算珠更清晰）。综上所述，该数字为82 631。

是时候开始计算了！若想将632加入现有数字，我会采用与表格和鹅卵石相同的方法。首先处理个位数：由于需要加2，我将从个位线向右移动2个算珠。

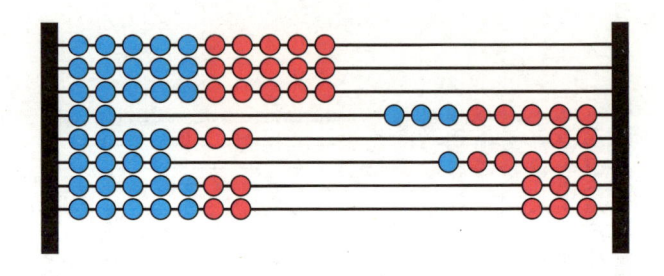

接着处理十位数：为了完成632的加法，还需加上3个十位数，因此我将十位线（从底部数起的第二条线）向右移动3个算珠。

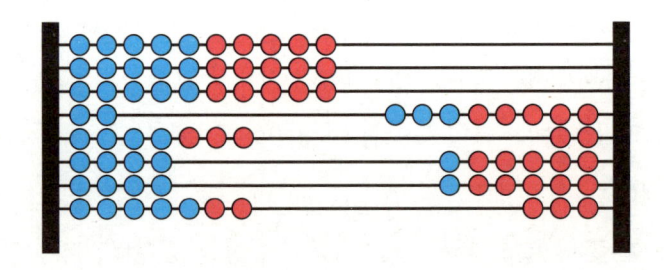

让我们从百位数重新开始。在数字632中，包含了6个百位数。现在面临的问题是，在百位这一行上，只剩下4个

算珠，这意味着我需要额外的2个算珠来完成操作。因此，我必须执行一次进位。首先，将现有的算珠向右移动，这样就得到了下面的配置：

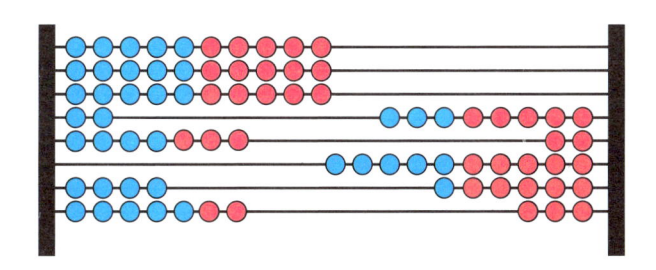

完成后，右边的百位线上就有了10个算珠。为了进位，我需要将这10个算珠全部移回左侧，并同时将上方的千位线上的1个算珠移动到右侧。这一过程直观地展示了10个百（10×100）等同于1个千（1 000）的概念。

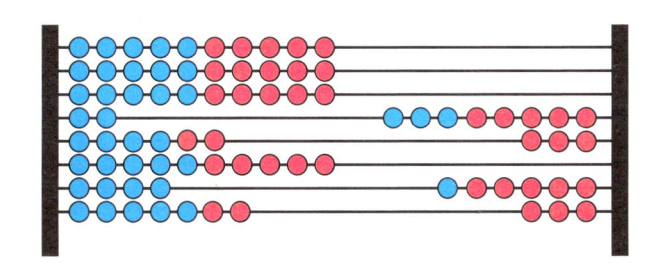

但是，我们尚未完成百位数！根据规则，我们仅能移

动4个算珠，而实际上需要移动6个算珠。因此，我们必须再将2个算珠移至百位线的右侧。

我们已经成功完成了计算，接下来只需查看右侧栏目的结果：82 631+632＝83 263。

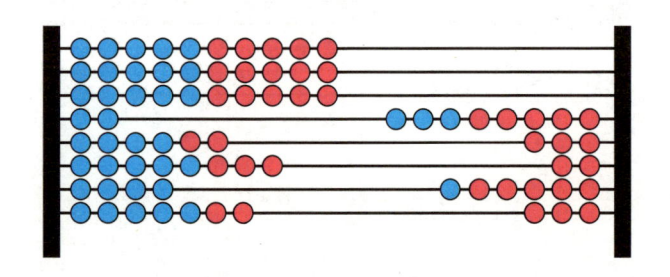

一切就是这么简单！除了进行加法运算外，你还可以使用算盘完成减法操作。比起加法的从左往右移动算珠，只需将其从右向左移动即可实现。

使用算盘进行乘法计算也是完全可能的，关键在于理解乘法本质上就是重复的加法。尽管准备工作可能较为烦琐，但这一方法依然行之有效。

你可能还感兴趣的是，我向你展示的这种算盘通常被

称为"小学生算盘"。实际上,这远非市面上唯一的款式。例如,还有一种称为"中国式"算盘,其每一行都被巧妙地分成了上、下两部分。

在这种模式下,计算的核心是算盘中央的算珠。然而,每个算珠的功能各不相同:上方的2个算珠每个代表5,而下方的2个算珠每个则代表1,这与传统的算盘设计相一致。

让我们详细说明这个例子中的数字：

最右侧表示单位1。从右侧数起的第一列底部框格中，你可以注意到没有任何算珠被推至中间的横档。同样的，在最上方的一格中，2个算珠均位于较高位置，未能触及中间的横档，因此有0个个位数。

对于十位数，需要观察个位左侧一栏。我们可以看到在底部边框处有一个算珠贴到中间的横档，这表明有1个十位数。

对于百位数，观察十位左侧的一栏，你会发现底部框内的3个算珠贴到中间的横档上。而在顶部框中，2个算珠则呈现出分离的状态：一个位于高位，另一个则紧贴着中间的横档。在这两个框中，只有与中间的横档接触的算珠才需要计入总数。因此，底部框中有3个算珠，而顶部框中则有1个算珠（该算珠代表5）。综上所述，总共有5+3=8个百位数。

如果这一趋势持续下去，我们可以观察到数字中包含1个千位、3个万位，以此类推……最终，我们将得到数字 151 631 810。

算盘不仅是一种极为实用且操作简便的工具,而且经过稍加练习便能以媲美电子计算器的速度进行运算。不妨向你的朋友们发起挑战,一决高下,看看谁是最快的。

实际上,此类比赛可追溯至1946年,当时由日本人松崎清(Kiyoshi Matsuzaki)与美国人内森·伍德(Nathan Wood)在日本东京进行对决。比赛旨在通过加、减、乘、除等基本运算来测试参赛者计算速度,最终的测试环节则综合考察了这四种运算能力。结果,日本选手凭借算盘以

4比1的绝对优势击败了使用电子计算器的美国对手。电子计算器仅在乘法比赛中获得了胜利。

然而,算盘也存在一些缺点。首先,游戏中读取数字并非即时,特别是对于中国和日本所使用的分为两格的算盘而言。在这种情况下,直接给出数字答案或许更为便捷。尽管这一点对你来说可能显得微不足道,但历史上,算盘曾是会计与店主等职业的重要工具,他们对效率有着极高的要求。即使是一秒的延误,也可能被视为浪费时间,毕竟,"时间就是金钱"这句谚语至今仍被广泛认同。

> 与阅读相比,使用算盘进行计算要求使用者投入更多的思考,特别是在处理进位时。算盘操作者需将算珠移回左侧,并在上面的线上添加一个算珠,随后重新开始计算过程。优秀的计算工具应当尽量减少使用者的注意力负担:即便他们未必完全理解操作原理,也应能自如地运用。整个过程应该如同本能般自然流畅。

用棍子或轮子

需要以既迅速又精准的方式进行计算，最为关键的是，整个过程要轻松自如。正因如此，随着时间的流逝，人们不断激发智慧，致力于创造更加高效的计算设备。一个典型的例子便是棍形计算器的开发。

在这个计算器设计中，传统的算珠被编号为1至9的滑动的小棍所替代。其操作原理与传统算盘极为相似：若需添加4个单位，只需将触笔尖置于单位栏的数字4处，并沿直线向下拉动。随之，加4的操作将在上方的累加器区域

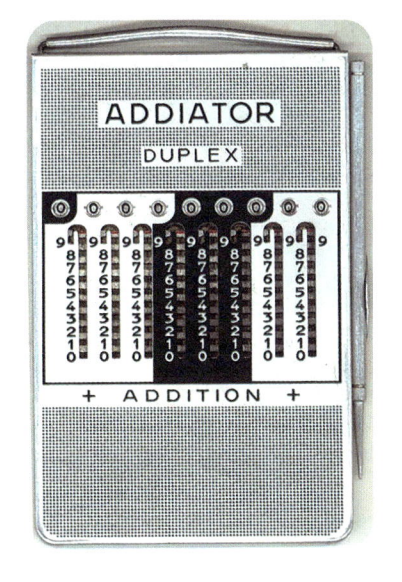

自动显示完成结果。

尽管如此,这种计算方式仍存在一个明显的缺点:始终需要处理进位问题。例如,当我尝试将7和4相加时,最终结果会显示为1。

首先,在棍形计算器上,我将指针定位在数字7上,接着通过向下滑动小棍来表示这个数字。然而,当需要加4时,情况就变得复杂了:由于涉及进位,我必须先将小棍置于个位栏的4上,再向上滑动而非向下滑动。最后,为了完成加法操作,还需将小棍穿过列顶部的小钩子,以便正确记录进位。值得注意的是,与算盘类似,棍形计算器本身并不支持直接添加运算符号,这些操作需由使用者自行掌握。

这并非高深莫测的学问,但确实揭示了这款计算器的一个显著缺陷:它要求用户在使用过程中进行过多的思考,这实在令人不安。我该按下哪个键?我该增加进位还是减少进位?你越是自问这些问题,就越可能出错!

接下来让我们探讨一下轮式计算器。顾名思义,这种计算器并非采用滑动小棍,而是利用可旋转的轮子来完成计算任务。当你操作时,这些轮子能够互相驱动,实现精准计算。

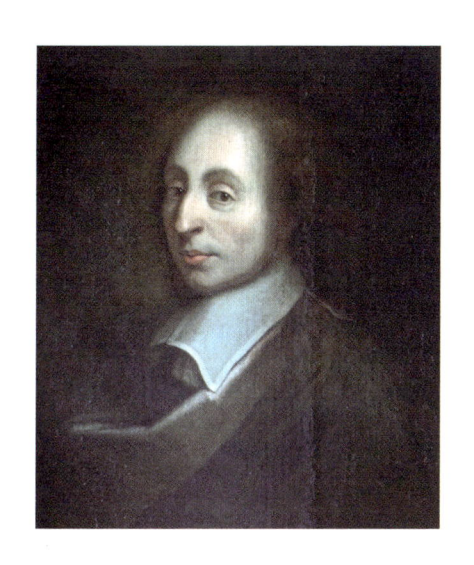

最早的轮式计算器可以追溯至1645年,由法国的布莱兹·帕斯卡(Blaise Pascal)所创造。帕斯卡的父亲是一位会计师,终日忙于繁复的数字处理工作。为了减轻父亲的负担,年仅19岁的帕斯卡发明了这台名为"帕斯卡林"的机械设备。

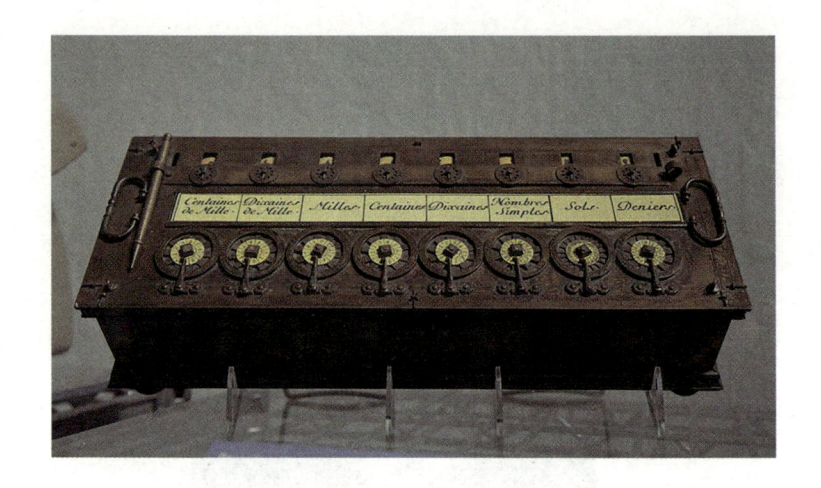

严格来说这是首台真正意义上的计算机：在此设备上，所有运算过程无须人工干预，甚至无须手动输入进位，一切操作均能自动完成！然而，由于成本高昂，该机器未能实现大规模生产。即便如此，帕斯卡林的诞生仍标志着机械计算时代的开启。如今，全球仅存8台原版帕斯卡林计算器，另有1台由遗留零件复原而成。

在帕斯卡林诞生200年后，第一台商用计算机——四则计算机终于面世。这一事实充分说明，伟大发明的实现往往需要经历漫长的岁月。这款机器能够执行四种基本运算：加法、减法、乘法和除法。

当然,这一切对你而言仿佛已是久远的往事,毕竟我们已许久未触及此类"古董"了。然而,实际上,你手里拿着的电子计算器并没有你想象中那般古老。

巴贝奇机器

现在,让我们一同穿越至19世纪的英国,在这片土地上,我们将遇见一位名叫查尔斯·巴贝奇(Charles Babbage)的先驱者。他对当时航海表的准确性深感忧虑,这些航海表对于确保船只安全航行至关重要,然而却充斥着种种错误。究其原因,正是人类自身——作为不完美的计算者，即便掌握了先进工具，仍难免会犯下错误。无论是操作失误、因疲劳或厌倦导致的疏忽，还是由四舍五入所引起的累积误差，都使得长期从事重复性工作的人员难以避免出错。这种现象并不令人意外，毕竟，日复一日地执行相同任务确实容易使人感到乏味。由于航海表数据失真，海上事故频发，对此，查尔斯·巴贝奇决心采取行动，致力于解决这一问题。

他梦想着创造一台能够为人类执行计算任务的机器。无论运行多久，这台机器都不会感到疲惫，且始终保持高效。更令人振奋的是，它的计算能力将超越最顶尖的人类！

查尔斯·巴贝奇深入研究了他所构想的机器的理论基础，并在1821年向皇家天文学协会提交了他的研究成果。学会对这一创新表示了浓厚的兴趣，并决定为该项目提供资金支持。然而，由于当时的技术限制，巴贝奇的设计最终未能实现。人们认为这台被视为现代计算机先驱的装置，其规模堪比蒸汽机车，与我们今天所熟知的便携式计算设备还相差甚远。

尽管遭遇了失败，查尔斯·巴贝奇在技术和理论上已经取得了重大突破，接下来需要的只是将这些理念付诸实践。我们今天熟悉的许多计算机组件，如键盘、微处理器、硬盘和打印机，都可以追溯到巴贝奇的创新。他的一项天才构思是借鉴织布机的设计原理来启发自己的机器设计。当时，织布机使用穿孔卡片进行编程，以指导机器完成特定任务。巴贝奇巧妙地将这一概念应用到了自己的发明中。

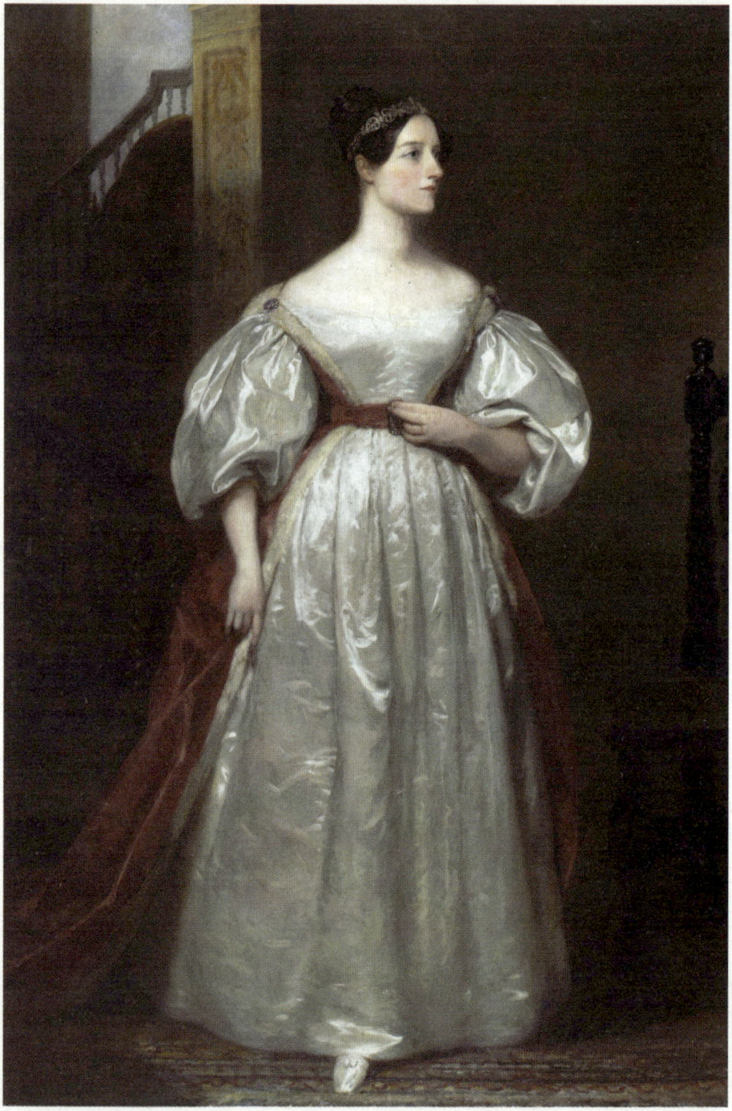

与他同期，还有一位名为艾达·洛夫莱斯（Ada Lovelace）的女性共同开发了历史上首个计算机程序。或许你未曾听闻这段历史，但请务必铭记：史上首位计算机科学家实为女性！

几年后，查尔斯·巴贝奇的小儿子亨利·巴贝奇（Henry Babbage）继承了父亲未竟的事业。他成功地制造出了父亲设计的机器的简化版本，然而，这台机器依然未能立即产生显著的影响。事实上，计算机的真正诞生和发展，很大程度上归功于电力技术的进步。

走向计算机

在我们的时光之旅中，截至目前，我们所见到的机械装置，无非是由齿轮、轮子与杠杆构成……电力的问世，极大地推动了当时计算器技术的发展：齿轮开始与线及磁铁相结合，催生出了所谓的机电系统。电子发动机的应用，更是令计算速度实现了质的飞跃！

1937年，首台计算机——Mark I（亦称IBM ASCC）横空出世。为何它会有两个名称呢？原来，该机的主要设计师霍华德·艾肯（Howard Aiken）在首次公开展示时，竟未提及IBM对项目的贡献。对此，IBM心生不满，遂以自己的名义为这台机器正名。然而，艾肯与哈佛大学则倾向于使用"Mark I"这一称呼。无论怎样，这台开创性的计算设备在体积与性能方面，与当今的计算机相比，可谓是天壤之别。

工具和机器 | 81

计算机的诞生标志着科技新时代的开启，随后的发展趋势便是小型化。毕竟，将庞大的 Mark I 计算机随身携带或是安置在客厅中，几乎是不可能的。随着时间的推移，人们逐渐摒弃了传统的机械设计思路，转而拥抱更为先进的电子技术。这一转变的标志性成果之一，便是20世纪70年代初期首台袖珍计算器的问世，至今也不过五十年光景。而真正意义上走进千家万户的个人电脑，其历史更是短暂，仅约四十余年——自20世纪70年代末期起，个人电脑才开始逐步进入公众视野，彻底改变了我们的工作与生活方式。

还有更多……

随着时间的推移，各种计算工具与机器应运而生。我们可以谈谈你的长辈在校学习时所使用的计算机。此外，我们也不妨提及纳皮尔的棍子或对数，正是这些奠定了计算尺发展的基石。当然，简要介绍加法、乘法表以及更为复杂的运算表亦不可或缺，它们同样是实现高效计算的有效途径。

在众多工具中，有一款虽然在实际应用中并不常见，但我却对其情有独钟，因为它完美地诠释了数学的魅力——列线图。这是一款直观的图形工具，仅需一把尺子便能轻松绘制。请参见下方示例图。

> 想要计算6×8的乘积吗？只需将尺子对准左侧的6和右侧的8，你便能在中央的刻度上读取到答案。是不是觉得非常神奇呢？

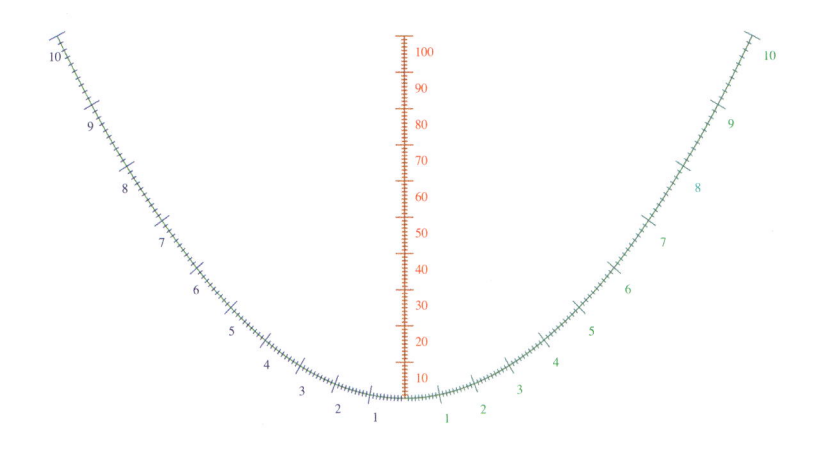

该你出场啦！

尝试计算其他乘法题的答案吧！比如7×7=？使用这种方法，你可以轻松得出正确答案，无须依赖乘法表。

尽管有那些被历史遗忘的先驱者，但你是否注意到计算的发展历程，从它的起源一直演进至今日，并且这一进程至今未停歇？想想看，笔记本电脑、智能手机和平板电脑——这些在几十年前还不存在的设备，如今已成为我们日常生活中的必需品，上一代人根本无法想象它们的存在，更不用说每天都离不开它们了！那么，你认为未来的社会将呈现怎样的面貌？又将有哪些划时代的新发明问世呢？

最后，探讨计算方法固然重要，但了解其实际应用同样关键。如我们所见，日常生活中，无论是计算食物、货物还是人员，这些都离不开数字的运用。然而，背后的运作机制又是什么呢？数字究竟能为我们带来哪些可能性？

国际体系

测量距离、测量高度

请自问：你能用数字解答哪些问题呢？

显而易见，所有以"多少"为开头的问题都适用：你有多少个兄弟姐妹？天空中有多少颗星星？埃菲尔铁塔的高度是多少？

最后一个例子似乎与众不同，不是吗？对于前两个问题，你只需逐一清点兄弟姐妹的数量或夜空中闪烁的星星……尽管数星星可能需要更多的时间与耐心，但只要你具备足够的毅力，终究能够掌握其中的诀窍。

对于最后一个问题，即便你正站在雄伟的埃菲尔铁塔之下，或许也会感到难以作答。然而，答案其实简单明了——324米。这里的关键不在于数砖块或构件，而是在于精准地测量这座标志性建筑的高度。测量的方法多种多样，你能否列举出几种呢？如果你一时想不起来也无须忧虑，下面的内容将会为你揭晓答案。

我有最后一个问题想请大家思考：如何测量埃菲尔铁塔的高度？答案其实很简单：高度是以米为单位进行测量的。米不仅是衡量高度的标准单位，同时也是衡量距离的基本单位，二者在本质上是相通的。

测量距离与高度的方法多种多样，各具特色。同样的，正如我们的数字和计算机技术一样，我们现在所使用的测量单位并非自古就有，而是在历史长河中逐渐发展、演变而来的。接下来，让我们一同回顾这些测量单位的前世今生。

身体部位

测量工作具有高度的严谨性与重要性。早在古希腊时期，测量便已发展成为一种专业职业，从业者被尊称为"贝马特斯特"。他们通常骑着骆驼穿梭于广袤的土地之上，通过计算骆驼行走的步数来估算两地间的实际距离。凭借这一方法，他们成功地绘制出了详尽的地方地图及距离表，清晰标注了各主要城市间的相对位置与间隔。

在古代，人们利用身体的不同部位作为测量工具，来评估物体的大小、距离以及高度——无论是拇指、手指、脚、手掌还是步伐，无所不用其极。这些非标准单位之间也存在一定的换算关系，比如一个手掌大约等于四个手指的宽度，而一个脚掌则约等于四个手掌的长度。因此，一个脚掌大致相当于十六个手指的宽度。当面对更宏大的测量对象时，人们自然会寻找更大尺度的参照物，如一个斯塔德（Stade，古希腊长度单位，约合180米）。值得一提的是，希腊的埃拉托色尼（Ératosthène）就曾借助这一单位成功估算出地球周长约为250 000 斯塔德（约合46 305千米）。这一结果转换成现代计量单位后，与当今公认的40 075千米非常接近。

然而，这些度量单位的换算比例因地区而异。例如，对于埃及人而言，1肘尺相当于28个指宽，而美

> 索不达米亚人则以30个指宽为1肘尺的标准。

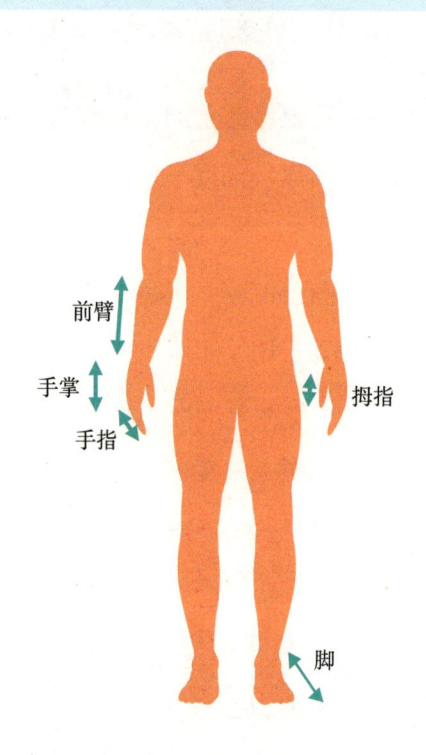

前臂
手掌
手指
拇指
脚

第二个问题在于，利用身体部位进行测量时，结果会受到测量者个体差异的影响。例如，大脚的人与小脚的人测量同一距离，所得的结果自然不同。马其顿地区的人的脚的长度可能就比德尔福地区的要长。尽管这种差异看似微不足道，但在不同人之间进行测量时，却可能导致显著的差距。然而，在缺乏更精确词语描述的情况下，这一传统仍将延续：尽管这些测量方式存在缺陷，但它们仍能够有效地传达距离的概念。比如，当我告诉你市政厅距离我家有100步之遥时，你大概也能理解这意味着多远——即便你的步伐可能比我小一些。

不仅希腊如此，世界各地的情况亦然，各方始终无法达成共识。在公元800年的法国，混乱同样存在：各地皆有各自独立的度量衡体系。尽管当时多位君主试图统一这些杂乱无章的度量衡体系，但收效甚微。直至法国大革命的爆发，才真正开启了向"米"过渡的新篇章。

> 法国建筑的一个显著特点是其测量方法的多样性。例如，亚眠大教堂与博韦大教堂虽然在某些方面具有相同的尺寸——均为144肘尺，但博韦大教堂的整体高度更胜一筹。在建造这两座宏伟的大教堂时，亚眠采用了罗马人的脚作为单位，而博韦则选择了国王的脚作为单位，国王的脚更大。

"米"的诞生

后来，我们决定不再以人体的某个部位作为基准进行测量，而是转向大自然寻求启示。这样的转变或许能为我们带来真正独特且创新的设计。

该你出场啦！

你可以轻松在家复制这一实验：取一根绳子，一端系上一个小重物，然后轻轻在您面前晃动，使其产生轻微的摆动。接着，保持静止。你还可以尝试将绳子尽可能拉长，单手握住重物，但不要举得太高，然后松开手。

接下来，利用秒表或其他计时设备记录下钟摆的一个完整周期（从一侧摆至另一侧再返回所需的时间）。建议邀请一位朋友或家人协助你完成这一步骤。当钟摆完成一次往返运动恰好耗时两秒时，说明实验成功了！此时，你的绳子长度应接近1米——当然，实际操作中可能存在一定的测量误差。

值得注意的是，在地球的不同位置进行此实验，所测得的结果也会有所差异。例如，在靠近赤道的地方，为了使钟摆周期达到2秒，所需的绳子长度通常要比远离赤道时更短。因此，你可能需要探索更多方法来进一步验证这些现象。

在公元1600年，人们提出了一个早期的概念，即利用钟摆来测量长度。具体而言，就是在一根细绳的末端悬挂一个小重物。当这个钟摆来回摆动时，我们可以观察到所谓的"周期"——从一次摆动开始到下一次摆动到相同位置所需的时间。研究的目标在于确定能够使钟摆周期精确达到两秒的最佳摆长。

1791年，有人提出了一种创新的方法，建议以本初子午线的长度为基础来定义"米"。子午线（经线）是一条"直线"，它连接了地球的南、北两极，可以想象成是将地球从上至下垂直切开的"直线"。与赤道类似，但方向不同，子午线将地球分割成了东、西两个半球。

理论其实非常简单：我们假设从北极到赤道的距离，即子午线的四分之一，恰好为10 000千米。基于此，米被定义为这一距离的百万分之一。

也就是说，测量子午线是一项既漫长又艰巨的任务。因此，让·巴蒂斯特·约瑟夫·德朗布尔（Jean Baptiste Joseph Delambre）和皮埃尔·梅尚（Pierre Méchain）并未尝试测量整条子午线，而是负责测量从法国北部的敦刻尔克到西班牙的巴塞罗那之间的距离。

但为何偏偏选择了这两座城市呢？首先，这两座城市均坐落于同一经线上——换句话说，它们与北极处于同一直线上。此外，我们已知该子午线上的某段将两城分隔开来。以一个例子来说明：假设你家与你最好的朋友家之间，距你家50米的位置上有一家面包店。你清楚地知道，从你家到朋友家的距离是从你家到面包店的十倍之遥。因此，可以推算出你家与朋友家之间的直线距离为 $50 \times 10 = 500$ 米。同样的道理，在测量子午线长度时也适用此方法。

总之，在历经一番波折后，测量工作终于完成了。两位测量者在执行任务的过程中遇到了不少挑战。尤其是梅尚，他在巴塞罗那的境遇更是充满坎坷——彼时西班牙与法国正处于战争状态，这无疑给他的工作带来了极大的不便。雪上加霜的是，梅尚不得不对同一地点进行了两次测量，但结果却大相径庭。由于战事的影响，他无法再做第三次验证，只能带着遗憾和疲惫返回巴黎。

面对众多挑战，1807年，人们决定重做这一实验，最终"米"获得了其首个"真正"的定义。

那么，这样的计量单位是如何被广泛传播的呢？假设有人想要使用"米"作为计量单位，难道他们会从头开始自行测量吗？显然不是这样。因此，人们创造了所谓的"米"的基准器，即一个用于精准标定一米长度的标准参照物。这个参照物类似于我们学生时代书包中携带的那种直尺，用于学习几何图形的绘制与测量。有趣的是，如果你恰好有机会前往法国巴黎，还能在卢森堡花园附近的一条街道——沃吉拉尔街上亲眼见到这样一个珍贵的实物标准。

在此基础上，我们进一步定义了比米小十倍的分米、小一百倍的厘米以及小一千倍的毫米。实际上，我们采用的是以10为基数的计量体系，这一概念已在"数字"章节

中进行了详细讨论。同样的,我们也定义了比米大十倍的十米、大一百倍的百米和大一千倍的千米。

自那时起,"米"这一单位获得了更加深奥的新定义。这项重任交给了国际度量衡大会(CGPM)。1983年,该大会给出了至今仍沿用的"米"的定义:一秒内,光在真空中传播的距离为 299 792 458 米。正如您所见,此定义确实较为抽象且难以直观理解。

归根结底,这引出了更多问题:秒究竟是什么?其他的计量单位又该如何定义?

国际单位制

然而，这还远远不够：除了米之外，其他度量单位同样需要统一和规范。

如何测量速度呢？使用千米/时还是米/秒，这需视具体场景而定。无论怎样，若你想了解汽车、跑步者或火箭的平均速度，只需将所行路程除以所需时间即可。例如，若一辆汽车在3小时内行驶了360千米，那么通过计算360千米除以3小时，我们得知其平均速度为每小时120千米。

因此，速度是由距离与时间共同决定的。只要我们正确设定了距离和时间的单位，就没必要单独定义一个精确的速度单位：该单位可以通过简单的数学运算得出。因此，关键在于明确哪些单位是不可或缺的。

现今，这些基本单位被统称为国际单位制（简称SI）。其中，秒作为时间的基本单位，其最初的定义基于地球自转一周所需的时间。

大约四千年前，埃及人首次将昼夜分为12个时段，即我们今天所熟知的一天24小时的概念。为了准确地测量这些时间段，他们夜间依靠观测恒星的位置，而白日则利用太阳——实际上也是恒星之一——来计时。值得注意的是，从最初将日夜各自划分为12个时段到形成完整的24小时制度，其间经历了大约一千年的演变过程。

掌握"小时"概念之后，人们进一步将其细分为若干时段。与长度单位米不同——米可以细分为10分米或100厘米，时间单位"小时"则被划分为60分钟，而每一分钟又细分为60秒。

你是否还记得美索不达米亚人的计数方法？有趣的是，即使经过了几千年，我们仍在沿用这种计数方式。

1889年,"秒"的定义基于一个基本原则:当地球完成一次自转周期,也就是经历24小时,这24小时中的每一小时包含60分钟,每分钟再细分为60秒。通过简单的计算,我们可以得知一整天共有86 400秒。

然而,实际情况比这要复杂得多。随着时间科学的发展,"秒"的定义经历了多次修订和完善,以至于现在的"秒"已经不再直接依赖于地球自转周期来定义。

一直以来,人们深知每一秒的珍贵,而自那时起,我们对一米的定义也有了明确的认识,这是国际单位制中的第二个单位。

国际单位制中的第三个单位——千克，也不例外。千克是衡量质量的标准单位，而非重量单位，尽管医生在让您站上体重秤时可能会这么说。其实，千克的定义相当直观：制作一个边长为10厘米的立方体容器，将其填满纯净水，该容器内的水的质量即为1千克。

最后，为了使这一定义生效，需特别指出水应为"纯净"状态，并且温度应控制在4摄氏度。然而，即便进行了这样的细微调整，实际上也很难察觉到任何显著差异。

随后，我们采用与测量米相同的方法，成功创造了质量为1千克的标准物体。比较物体的质量其实并不复杂：比如，你可以使用一个托盘天平，只要确保两边的托盘保持平衡即可。全球各地的国际千克原器（International prototype kilogram, IPK）都被精心保存在玻璃罩中。

然而，这些国际千克原器的质量会随时间发生细微的变化！尽管这种变化微乎其微，却足以引起科学界对千克定义的重新思考：我们如今更倾向于避免依赖实体基准器来定义单位。最新的千克定义自2019年5月20日起生效，这已经是比较近的事了。

该你出场啦！

你需要准备一个电子秤以及一个能够装满水的长方体容器。首先，使用厘米作为单位，测量该容器的高度、长度和宽度。接着，将这三项数值相乘。随后，将容器置于电子秤上。

现在开启电子秤进行校准。若此时电子秤显示的读数不为零，请记录下这个数值，以便后续处理时予以扣除。接下来，向容器中注水至满，但注意避免水溢出过多。如有需要，可邀请他人协助操作。

通常情况下，最终称得的质量（单位：克）应当与你先前通过将容器高度、长度及宽度相乘得出的结果一致或接近。

其他单位

时至今日，国际单位体系中这些单位的定义仍在持续更新。在这个极为特别的体系中，除了我们熟知的单位外，还有另外四个用于测量较为抽象或少见物理量的单位：

◆ 开尔文，温度测量单位。尽管日常生活中我们更常用摄氏度，但在科学研究领域，开尔文才是通用的标准。

◆ 安培，电流强度测量单位。

◆ 坎德拉，人眼所感知到的光强度的测量单位。

◆ 摩尔，最新进入国际体系的计量单位，它用来测量物质的量。

所有其他单位皆源自这些基本单位。比如，无论是电压的伏特、功率的瓦特还是体积的升，它们都与国际单位制中的基本单位紧密相关。

然而，在全球范围内，有些国家依然广泛使用着非国际单位制的单位，涉及长度、面积、质量和温度等多个领域。尽管在国际贸易和科学研究中，他们倾向于采用公制度量，但在日常生活和一些特定场合下，他们依旧习惯于使用传统的测量单位。

在美国，距离通常以英寸、英尺、码及英里来计量，而非米或千米。有趣的是，即便在法国这样的公制国家，某些情况下也会采用这些英制单位，例如电视和计算机屏幕的尺寸就常常以英寸为单位进行标注。

单位	符号	换算	米制单位
英寸	in ou"	—	2.54 cm
英尺	ft ou'	12 in	30.48 cm
码	Yd	3 ft	91.44 cn
英里	mi	5 280 ft	1 609.34 m

不同的地区对体积的计量单位也有所不同：由于未采用"米"，因此既无立方米，也无升这一单位。对于液体而言，则普遍使用加仑、夸脱、品脱和盎司等单位进行测

量。不妨观察一下家中各类液体容器（如香水瓶、洗手液瓶、汽水瓶等）上的容量标识，你会发现，在以"厘升"或"毫升"标注的容量数值旁边，通常还会附加有"floz"的字样，这正是该液体量以盎司为单位的换算值。

不同的地区温度的测量单位也有所不同。例如，将我们常用的摄氏度（℃）转换为美国常用的华氏度（°F），可以通过以下步骤实现：首先，将摄氏温度乘以1.8；接着，将得到的结果加上32。以 20℃为例：

第一步：20 × 1.8 = 36。

第二步：36 + 32 = 68。

因此，20℃等于 68°F。

该你出场啦!

你是否也能换算其他温度呢?例如 − 40 ℃是多少华氏度呢?转换零下温度的方法与零上温度相同,但需注意的是,当你将摄氏度乘以1.8后得到的仍是零下,之后再加上32,最终结果将等于 − 40 °F。

答案:

是的,你算对了——是 − 40°F。这是华氏度和摄氏度唯一具有相同值的温度。这简直堪比真正的极地严寒,寒冷仿佛穿透了每一寸肌肤。

我们计算什么？

正如大家所见，国际单位体系在计算和测量各种事物中发挥着重要作用。然而，这些单位尚不足以应对我们可能提出的全部问题。

计数的重要性日益凸显：它不仅使我们能够对比不同国家的情况，还能帮助我们了解某一国家随时间的变化。

同样的，我们可以对众多变量进行量化分析，如人口规模、财富水平、学校及医院的数量，以及平均年龄等。

计算人口数量

人口普查是针对特定城镇、地区或国家居民数量进行的统计活动，这一活动历史悠久。正是得益于人口普查，我们才能从历史文献中了解到各个时期的人口规模。

> 以中国为例，我们了解到在公元2年，居民人口约为5 700万，这与2000年近10亿的人口相差甚远。这些数据不仅被用于估算可动员参战的人力资源，同时也为税收估算提供了依据。

> 在罗马帝国，人口普查的目的与今日相似。每个家庭的父亲需要申报自己、配偶及子女的姓名，并详列所有财产，以供评估其财富状况。

请注意，本次人口普查仅涵盖罗马公民，不包括妇女和儿童，至少在初期是如此。

至于奴隶，则被视为财产而非居民纳入统计。

当我们审视这些数据时，理解其背后的统计方法至关重要。哪些因素被纳入考量，又有哪些被排除在外？

据记载，公元前500年，罗马帝国的公民人口约为

13万。到了公元47年，这一数字激增至近600万。是什么原因导致了如此惊人的增长？这并非因为耶稣的诞生引发了奇迹般的"人口爆炸"。实际上，增长的原因在于意大利境内所有自由民均获得了公民身份，从而显著提高了统计数据。

在法国，直至大革命前夕，人口普查并未形成固定周期，且往往局限于某些特定区域。自1801年起，法国开始每五年实施一次全面的人口普查，具体操作方式依据城市规模而有所不同。除了统计居民数量外，普查还旨在掌握民众的生活状况与职业分布。自2002年以来，法国的人口普查制度进一步完善，具体流程如下：

若城市居民人口不超过 10 000 人，则将对全体居民进行全面的人口普查。普查内容包括但不限于年龄、性别、职业及住宅类型等详细信息。值得注意的是，这一过程并非一次性完成；相反，居民会被分为五个小组，在连续的五年中逐年轮流进行信息采集。

对于人口超过 10 000 人的城市，则采取抽样调查的方式。具体而言，每年将随机选取约8%的市民作为样本进行问卷调查，所涵盖的问题与小规模城市全面普查相同。

> 要知道，自1951年起，参与人口普查已成为公民的一种义务。所收集的数据对于计算国家对城镇的拨款至关重要：居民人数越多，相应的拨款额度也就越高。此外，人口普查结果还决定了某些税种的具体数额，并对城镇内中小学及药店等公共服务设施的数量产生直接影响。

这些数据对于研究人口随时间的变化趋势极为宝贵，这就是所谓的人口统计。例如，下图展示了2019年法国的人口结构（通常称为年龄金字塔）：

此图表展示了法国各年龄段的人口分布情况。通过观察横轴上的数据，你可以轻松获取特定年龄段的人口。从图中可以明显看出一些趋势：20至30岁这一年龄段的人口较之40至50岁年龄层有所减少。此外，在金字塔的底部也出现了类似的趋势——近年来，法国新生儿的数量呈现出递减态势。

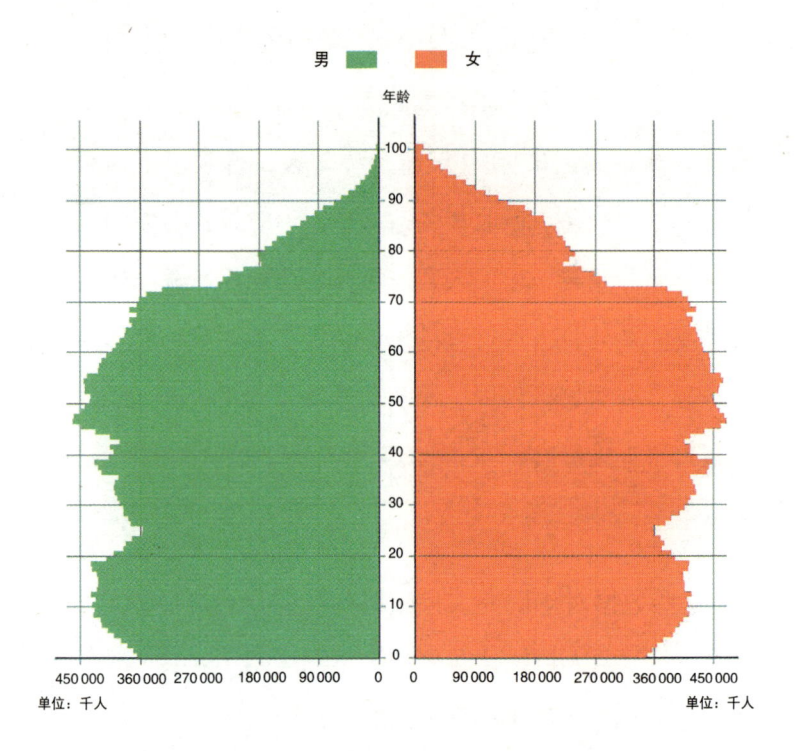

男 ■ 女 ■

年龄

(人口金字塔图表，纵轴为年龄0-100，横轴为人数，单位：千人)

450 000 360 000 270 000 180 000 90 000   0   90 000 180 000 270 000 360 000 450 000
单位：千人   单位：千人

或许你会疑惑，"金字塔看起来根本不像金字塔，为何这种图形被称为'人口金字塔'？"实际上，这一称谓更多地依赖于所研究的具体国家和地区。以法国为例，与许多其他发达国家相似，这里的人均预期寿命较高，人们普遍享有更长久的生命。因此，相较于那些发展中国家，法国金字塔的上端并不会出现急剧收缩的现象。同时，由于每对夫妇生育的子女数量较少，这也导致了金字塔底部的宽度不及那些人口增长较快的国家。

通过对上述信息的深入剖析，我们能够对未来的人口发展趋势做出初步预判。

不过，值得注意的是，仅仅掌握人口规模并不能完全反映一个社会的整体面貌。为了更加全面地理解一个国家或地区的人口状况，我们还需关注居民的健康水平、生活质量以及经济状况等方面的信息。

该你出场啦！

你能读出图表上有多少位80岁的老人吗？有多少女性呢？

答案：

约有18万名80岁的男性与23万名同龄的女性。这一性别差异主要归因于女性的平均寿命普遍长于男性。

计算财富

在衡量一个国家的财富之前，我们不妨先思考一个问题：这些财富究竟源自何处？货币又是如何诞生的？

在货币出现之前，人们仅能通过以物易物的方式进行交易，即用一种物品换取另一种物品：比如你用胡萝卜换我的土豆。然而，这种交易方式存在诸多不便：要在众多商品中找到自己所需之物谈何容易？面对如此多的选择，几乎无人能够做到尽善尽美。

另外，设想有人希望用一头牛换取蔬菜：理论上，他可以获得600千克——尽管在那个时代，"千克"这一单位尚未出现，但你应该明白我的意思。然而，实际上没有人会一次性需要这么多蔬菜。即使不考虑存储问题，这些蔬菜也会在被完全消耗之前就变质。此外，这个人也无法将牛分割开来，只为换取部分蔬菜。因此，我们需要建立一个适用于所有交易的统一标准。这个标准就是货币。

那么，这种货币究竟是什么呢？你可能会首先联想到金币和银币，这样的想法并不离谱。金属货币通常由特定重量的贵金属制成，其价值与重量紧密相关，正如这些精美的金币所展示的那样。

除了常见的货币形式外，历史上还有其他物品或材料曾被用作货币。例如，在古罗马军队中，军团士兵会收到食盐作为报酬，这一做法正是"工资"一词的起源。

那么，在当今社会，我们使用的是什么呢？是纸币——这些看似普通却承载着价值的纸片。纸币本身并不具备实际价值：一张面值500欧元的纸币，并非由价值等同于500欧元的材料制成，因为那样成本过高，难以实现。这类货币被称作信用货币，其价值基于公众的信任：即便一张纸币并不真正蕴含500欧元的价值，但人们相信它，认可它能够换取等值的商品或服务。

当前，世界上存在着多种多样的货币。例如，欧盟的多数成员国现在都采用欧元作为官方货币。在欧元问世前，每个欧盟国家都有各自独立的货币体系：比如，法国人使用法郎进行交易，德国人则依赖德国马克，而西班牙人流通的是比塞塔。

如果你未来有机会前往那些尚未使用欧元的国家旅行，那么你需要将手中的货币转换为当地通用的货币。值得注意的是，这种货币间的兑换与长度单位的转换有着本质的区别——因为汇率是波动的，这意味着不同货币的价值并非固定不变，而是会随市场情况而调整。

以英国为例，当地流通的货币是英镑。在我撰写本书时，1英镑可兑换1.15欧元，即汇率为 1:1.15。这意味着，若要购买价值100英镑的商品，需支付115欧元。然而，仅在三天前，1英镑的兑换价仅为1.11欧元，如果我当时购买同样价值的100英镑商品，则只需支付111欧元。

或许有人认为这一差额微不足道，但请记住，在实际操作中，涉及的金额往往十分庞大——通常以数百万乃至数十亿欧元计。有些人以此为生，他们通过在汇率较低时购入货币，待汇率升高后再出售，从中赚取差价。这些人被称为交易员。例如，假设我在三天前以1.11欧元的价格购入100英镑，而今天以1.15欧元的价格售出，那么我将获得4欧元的利润。实际上，交易员们处理的资金规模远超此例，且必须迅速作出决策：汇率在一天内波动频繁，这无疑增加了他们工作的复杂性和压力。

要评估一个国家的经济实力，我们通常会计算其国内生产总值（GDP），这一指标反映了该国在一年内所生产的所有产品和服务的附加值。

或许"附加值"这个词让你感到困惑，它与价格是否相同呢？实际上，二者并不等同。

以面包师为例：他可以以1欧元的价格出售一根法棍面包。然而，为了制作这根法棍面包，他需要购买面粉、盐、酵母和水等原材料，这些成本加起来大约为28美分。

从1欧元的售价中减去28美分的成本，剩下的72美分便是面包师通过自己的劳动和技术，在原材料基础上创造的附加值。这部分价值不仅用于支付烘焙设备的折旧费用，还涵盖了面包师个人的时间投入及维持生计所需的生活开支。

在讨论市场生产时，我们指的是通过销售商品或服务来创造价值的行为。在这里，这个商品是法棍面包。然

而，国内生产总值（GDP）的计算不仅限于市场生产，它同样涵盖了非市场生产活动。例如，当教师在学校为学生授课时，尽管学生无须直接支付学费，教师却从政府那里获得薪酬，这种教育服务的价值也被纳入到国家的GDP统计中，即使他不卖任何东西。

相比之下，如果家长在家里辅导孩子学习，他们是自愿的，且没有收取任何报酬。因此，他们的行为不属于国家生产的一部分：他们的工作不计入GDP的计算中。这一现象揭示了GDP的一个重要局限性——许多有价值的、促进社会福祉的服务和劳动并未得到充分的认可与计量。

显而易见，依据这一定义，一个国家的人口规模越大，其GDP很高的概率就越大。因此，为了更准确地衡量和比较不同国家的经济表现，我们通常采用将一国的GDP总量除以该国人口的方法，来计算出该国的人均GDP。这一指标反映了该国居民人均每年创造的经济价值。

根据国际货币基金组织提供的数据，下表列出了部分国家的GDP总量、人口及相应的人均GDP情况。

可以注意到，尽管中国是全球人口最多的国家，但其GDP并非最高。值得注意的是，中国的国内生产总值超过了日本。然而，当我们将视角转向人均国内生产总值时，情况则呈现出不同的景象。这一点在位于法国东部的小国卢森堡身上表现得尤为突出。尽管卢森堡的人口数量相对较少，但其人均国内生产总值却位居首位。

国家	国内生产总值（以十亿美元计）	居民人口（人）	人均国内生产总值（以美元计）
法国	2 775	67 795 000	40 933
美国	20 494	327 167 000	62 641
中国	13 407	1 417 913 000	9 455
日本	4 971	126 330 000	39 349
卢森堡	69	614 000	112 378

在列举 GDP 的不足之处时，还有一点值得补充：GDP 并未反映一个国家居民的实际生活水平。诚然，中国的人均 GDP 较其他一些国家低，但这是

> 否意味着当地居民的生活质量也相应较低呢？单凭这些数字显然不足以回答这一问题。健康状况、民众的幸福感以及教育系统的质量等，都是衡量一个国家整体情况的重要指标。然而，在许多情况下，人们往往只关注那些符合自己预期的数据……

我们能从罗马人口普查的历史中清晰地看出这一现象：依据是否计入女性、"公民"的具体定义以及其他一些模糊的标准，罗马公民的统计结果呈现出显著差异。

再来看一个实例：每季度发布的法国失业人数（无工作者的数量）公告看似简单明了——无非是数字的增减。然而，深入探究后，情况便变得复杂起来。失业者被细分为由字母A至E标识的不同级别，而各等级又根据受调查者的年龄进一步划分成多个子类别。

因此，有人可能指出，在一个总体失业率下降的国家里，劳动力市场的表现似乎一切向好。然而，与此同时，另一些人可能会做出相反的断言，在同一国家中，最年轻的社会成员正面临失业率急剧攀升的困境。同一组数据，却能引出截然不同的解读。这提醒我们，在面对统计数据时必须保持审慎的态度。

更大的数

正如你所见，数字赋予我们一种神奇的能力：即使无法直接观察对象，我们也能准确地了解它们的数量和规模。为了实现这一目标，我们时常需要借助庞大的数字。

那么，究竟最大的数字是什么呢？其实，这个问题本身就没有确切的答案。比如，101比100大，但又比102小。再比如，十亿，写作1 000 000 000，确实是一个巨大的数字，但它被 1 000 000 001所超越。事实上，对于任何一个数字，只要在其基础上加上 1，就能得到一个更大的数字——这一过程可以无限延续下去，直至无穷。

在日常生活中，我们已经熟悉了诸如个位、十位、百位等数位，甚至对于数千、数百万乃至数十亿也不陌生。然而，你或许并不知道，有些数字拥有独特的称谓……不过，这些称呼可能会根据不同的国家和地区有所差异。

当我们在法国提到十亿（milliard）时，它代表的是1 000 000 000，而在罗马叫作十亿（billion）。当然了，在法国的计数体系中，一个billion指的是1 000 000 000 000——一个1后面跟着12个0。这是

> 因为法国采用的是长标度，相比之下，罗马则偏好使用短标度。

需要注意的是，随着零的数量增加，书写数字所需的时间也会相应延长。为了解决这一问题，我们引入了一种称为"幂"的表示方法。例如，一个数字是1后面跟着27个零，可以简洁地写作10^{27}。

数字	标记	长标度	短标度
1 000	10^3	Mille-un millier	Mille-un millier
1 000 000	10^6	Un million	Un millon
1 000 000 000	10^9	Un million	Un millon
1 000 000 000 000	10^{12}	Un billion	Un millon
1 000 000 000 000 000	10^{15}	Un billiard	Un quadrillion
1 000 000 000 000 000 000	10^{18}	Un trillion	Un quadrillion
1 000 000 000 000 000 000 000	10^{21}	Un trilliard	Un sextillion
1 000 000 000 000 000 000 000 000	10^{24}	Un quadrillion	Un sextillion
1 000 000 000 000 000 000 000 000 000	10^{27}	Un quadrilliard	Un octillion
1 000 000 000 000 000 000 000 000 000 000	10^{30}	Un quintillion	Un octillion

还有一个数字也很特殊，古戈尔（googol），它是10^{100}，也就是1后面跟100个0。这个名字或许会立刻让你联想到著名的互联网搜索引擎——Google，这样的联想再自然不过了。事实上，"Google"这个名字的灵感正是源自这一数字。

在某些单位名称中，较大的数值通过前缀形式来表示。例如，在"千米"这一单位中，"米"代表距离单位，而前缀"千"则表示1 000。同样的，对于数百万的数值，我们采用"兆"作为前缀，"一兆米"代表一百万米。实际上，这类单位或前缀在实际应用中较为罕见。

数字	标记	前缀	标志
1 000	10^3	千（Kilo）	K
1 000 000	10^6	兆（Mega）	M
1 000 000 000	10^9	吉（Giga）	G
1 000 000 000 000	12^{12}	太（Tera）	T
1 000 000 000 000 000	10^{15}	拍（Peta）	P
1 000 000 000 000 000 000	10^{18}	艾（Exa）	E
1 000 000 000 000 000 000 000	10^{21}	泽（Zetta）	Z
1 000 000 000 000 000 000 000 000	10^{24}	尧（Yotta）	Y

为了应对过于庞大的数字可能带来的处理难题，我们常常引入新的计量单位。比如"光年"，它实际上是指光在真空中传播一年的距离，因此它代表的是长度而非时间。具体来说，1光年大约等同于10 Peta，换算成更常见的单位则是10 000 000 000 000 000 米。

无穷大

当你被问及最大的数字是什么时,你的答案可能是"无穷大"。的确,无穷大超越了一切,但它实际上并不属于传统意义上的数字范畴,因为它的性质与众不同。

让我们回到我们数数时最早的想法:关联。你无须逐一清点,就能明白绵羊有4条腿,正如普通的汽车有4个轮

子。通过将羊的左前腿与汽车的左前轮相对应，右前腿与右前轮对应，左后腿与左后轮对应，右后腿与右后轮对应，每一条羊腿都能找到一个匹配的车轮。完成这一系列的对应后，你会发现既无剩余的羊腿也无多余的车轮未被配对。这表明，羊腿的数量与车轮的数量相等。

那么，究竟存在多少个整数呢？答案似乎是无穷多个。然而，如果我们只考虑偶数，又会怎样呢？

偶数，指2的倍数，例如0、2、4、6、8等，以此类推。可以说，偶数构成了所有整数的一半，但即便如此，它们的数量依然是无限的。那么它也是"无穷大"吗？

> 这里还有另一个无穷大的问题。希腊数学家、哲学家芝诺（Zeno）提出了一个关于无穷的著名悖论：阿基里斯（Achille）与乌龟赛跑。尽管阿基里斯的速度是乌龟的两倍，但他慷慨地让乌龟先跑16千米。
>
> 当阿基里斯抵达乌龟的起始点时，乌龟已向前移动了8千米。因此，尽管阿基里斯速度更快，乌龟依

然保持着领先的优势。

阿基里斯重新振作精神,继续前进了8千米。然而,乌龟并未停下脚步,在这段时间内,它也前行了4千米。尽管如此,阿基里斯没有放弃,迅速弥补了这4千米的差距……但乌龟仍在前进:当阿基里斯追赶这4千米时,乌龟已再次前进了2千米,以此类推。

> 虽然阿基里斯的速度是乌龟的两倍,但他真的会永远落后于乌龟吗?其实,答案并非如此。换个角度思考:假如乌龟行进了20千米,那么阿基里斯则会行进40千米。由于乌龟原本领先16千米,因此它实际行进的距离为36千米(16+20)。既然阿基里斯总共行进了40千米,这意味着在某一个时间点上,阿基里斯确实超越了乌龟。

或许你觉得这些说法有些匪夷所思,但实际上,利用"无穷大"概念,我们能做出许多更加不可思议的事情。自古以来,"无穷大"就一直是数学领域中令人望而生畏的存在,即便到了今天,它依然是众多未解之谜的核心。

对数字世界的探索始于久远的过去,并且至今仍未到达终点。科学家们从未停止过对数字奥秘的追寻,他们致力于发现未知的属性、拓展应用场景或构想全新的表现形式。这便是数字的魅力所在——它们依然保留着无数未被揭开的秘密,等待着勇敢的探索者去发掘。

无穷大 | 129